AF317471

VERS A SOIE

Élevage = Produits = Plantes alimentaires

PAR

F. LAMBERT

Directeur de la Station Séricicole
de Montpellier

AVEC 47 FIGURES DANS LE TEXTE ET 12 TABLEAUX

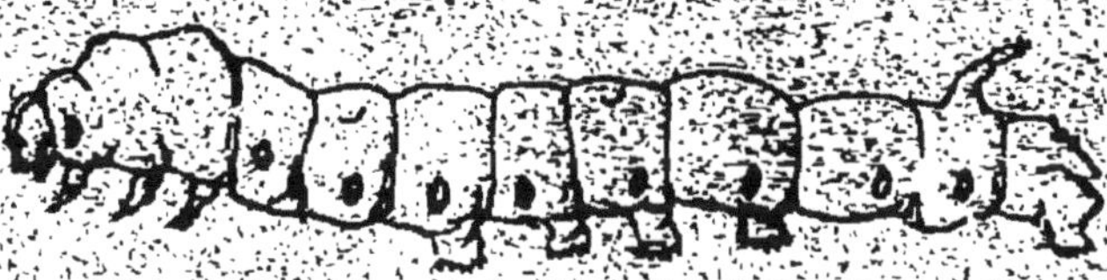

PARIS

Collection A.-L. GUYOT

51, rue Monsieur-le-Prince, 51

20 CENTIMES

ALGÉRIE, COLONIES ET ÉTRANGER : **25** CENTIMES

617

BIBLIOTHÈQUE NATIONALE
R.F.
IMPRIMÉS

VERS A SOIE

8 y²
18312   S

VERS A SOIE

Élevage, Produits, Plantes alimentaires

PAR

F. LAMBERT

Directeur de la Station Séricicole de Montpellier

AVEC 47 FIGURES DANS LE TEXTE ET 12 TABLEAUX

PARIS

Collection A.-L. GUYOT

51, rue Monsieur-le-Prince, 51

TOUS DROITS RÉSERVÉS

VERS A SOIE

Élevage, Production, Maladies

alimentaire

[illegible]

INTRODUCTION

—

On appelle *soie* un filament continu sécrété par les *chenilles*, ou *larves* de quelques espèces de papillons (Lépidoptères) en assez grande abondance pour être utilisé dans la fabrication de tissus.

Les chenilles dont la soie est ainsi utilisée comme textile s'appellent *vers à soie*.

Il existe plusieurs espèces de vers à soie, toutes font partie du genre *Bombyx* de Linné. La seule espèce de vers à soie domestiquée est celle qui se nourrit des feuilles du mûrier (*Bombyx mori*), appelée vulgairement *magnan* dans le midi de la France. Cette espèce est aussi la plus avantageuse à cultiver et la plus répandue en Europe et dans la plupart des pays séricicoles.

La *sériciculture* consiste dans l'élevage des vers à soie, d'espèce quelconque, et la culture des végétaux dont ces animaux se nourrissent.

Les vers à soie, comme toutes les chenilles, naissent d'un *œuf* ou *graine*; ils vivent à l'état de larve un certain temps, se nourrissant

des parties vertes de végétaux. Ils *muent* périodiquement, c'est-à-dire qu'ils se débarrassent plusieurs fois d'une pellicule morte dont leur peau se recouvre et qui les empêcherait de grossir. Puis, quand ils ont atteint le maximum de leur taille, ils se filent avec la soie qu'ils sécrètent, une sorte de nid, appelé *cocon*, à l'intérieur duquel ils changent de forme et deviennent *chrysalides* ou *fèves*. Les chrysalides se métamorphosent elles-mêmes en papillons qui sortent des *cocons*. Il y a des papillons mâles et des papillons femelles. Ces derniers, après l'accouplement, pondent des œufs d'où d'autres chenilles sortiront, et ainsi de suite.

Les vers à soie passent donc par quatre états successifs : l'*œuf*, la *larve* ou *ver*, la *chrysalide* et le *papillon*.

Nous nous occuperons d'abord, dans une première partie, des vers du mûrier, et ensuite des espèces dites *sauvages* (*vers à soie du chêne*, de l'*ailante*, du *ricin*, du *prunier*, etc...), dont l'élevage nous intéresse moins.

La première partie (*Ver à soie du mûrier*) s'ouvre par de courtes notions d'histoire naturelle et physiologie sur le B. mori. Ensuite, viennent les chapitres, d'un caractère essentiellement pratique, sur la *conservation* et l'*incubation* des *graines*, les *cocons* et la *soie* de ce ver à soie.

La seconde partie *(Vers à soie sauvages)* est divisée d'une façon analogue.

Le livre se termine par l'indication d'un petit nombre d'*ouvrages essentiels* à consulter par les lecteurs qui désireraient compléter leurs connaissances spéciales sur les *vers à soie*; l'*industrie* et le *commerce de la soie.*

[illegible] [illegible] [illegible]
[illegible] [illegible]
[illegible] [illegible] [illegible] [illegible]
[illegible] [illegible] [illegible] [illegible]
[illegible] [illegible] [illegible]
[illegible] [illegible] [illegible] [illegible]
[illegible] [illegible] [illegible]

VERS A SOIE

PREMIÈRE PARTIE

Ver à soie du Mûrier

CHAPITRE PREMIER

HISTOIRE NATURELLE

Nous venons de dire que les vers à soie passent par quatre états : *œuf, larve, chrysalide et papillon.* Le ver à soie du mûrier ne fait pas exception. Suivons-le dans son développement et examinons-le sous les formes successives qu'il revêt pour arriver à l'état de papillon.

1. **L'œuf ou graine**. — Les œufs ou graines de ver à soie sont de petits corps globuleux ovoïdes, légèrement applatis. Leur grosseur varie un peu : il en faut, en moyenne, 1500 pour faire le poids d'un gramme. Leur diamètre moyen est de un millimètre. L'œuf nouvellement pondu est *jaune* ; il devient *gris-cendré* au bout de quelques jours s'il a été fécondé. Les œufs non fécondés conservent leur couleur primitive et se dessèchent. Le poids spécifique des œufs est un peu plus grand que celui de l'eau, (1,08 d'après Haberlandt).

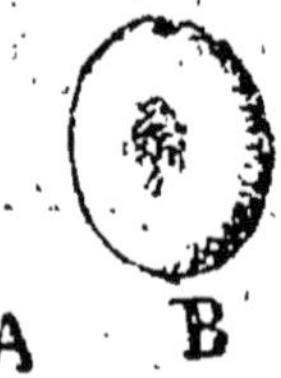

Fig. 1. — Œuf de ver a soie du mûrier. A. Grandeur naturelle ; B. Grossi 15 fois

L'œuf (fig. 1) comprend plusieurs parties : la *coque*, le *vitellus* et *l'embryon* sont les principales. La coque ou coquille est l'enveloppe extérieure. C'est une substance cornée, blanche, transparente, dure. Elle est perméable à l'air, imperméable aux liquides. Au petit bout existe une dépression légère : c'est la trace du *micropyle* ou petit trou par lequel le liquide spermatique pénètre dans l'œuf pour la fécondation. Extérieurement la coque est revêtue d'un *vernis gommeux* qui colle les graines aux objets sur lesquels elles ont été pondues. Le poids de la coque représente le 1/5 du poids total de l'œuf. Le *vitellus* est un liquide épais, jaunâtre ; il sert au développement et à la nourriture de l'embryon. L'*embryon* est le ver à l'état d'ébauche dans l'œuf ; il est placé à la surface du vitellus et du côté du gros bout, à l'opposé du *micropyle*. Sa forme est celle d'un petit ruban ou *bandelette*, de couleur blanche. L'embryon demeure à l'état de bandelette, depuis la ponte (en juillet-

Fig. 2. — Ver à soie à l'éclosion

août), jusqu'au printemps suivant (10 mois) chez les œufs de *races annuelles* qui ont besoin de l'action du froid pour être capables d'éclosion ; il continue au contraire à se développer sans interruption et le ver éclot 15 jours après la ponte, chez les œufs de *races polyvoltines*, qui n'ont pas besoin du froid. Les *races annuelles*, dont les cocons sont meilleurs

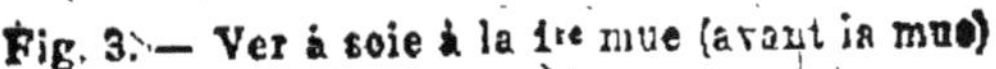

Fig. 3. — Ver à soie à la 1re mue (avant la mue)

et plus lourds, sont seules cultivées en Europe. Le passage du germe, de la phase de *bandelette* à celle de *larve*, pour l'éclosion, correspond à *l'incubation*. Il commence à la température de 12° C. ; mais la température la plus convenable est celle de 20° C., donnée aux graines dans *l'incubation artificielle*.

Le ver dans l'œuf respire : l'air entre par les canaux microscopiques de la coque ; l'embryon absorbe de l'oxygène et rejette de l'acide carbonique et de la vapeur d'eau qui s'en vont au dehors à travers la coque. Par suite de la respiration le poids des œufs va en diminuant sans cesse jusqu'à l'éclosion. Cette perte de poids est la suivante, en moyenne, pour les graines de races annuelles :

2 °/₀ dans le premier mois qui suit la ponte ;
1 — dans le deuxième mois ;
1 — dans les six mois suivants ;
9 — dans le 10ᵉ mois jusqu'à la veille de l'éclosion.
_____
13 °/₀ en tout.

L'air est donc indispensable aux graines pour la vie du germe surtout à deux époques : 1° dans les deux mois qui suivent la ponte, 2° dans le mois qui précède l'éclosion.

Fig. 4. — Ver à soie à la 2ᵉ mue (avant la mue)

Il faut aussi pour que l'embryon ne souffre pas et se conserve en bon état, que l'air ne soit pas humide. Le degré de sécheresse de l'air le plus convenable est celui qui correspond à la 1/2 saturation, ou 75° de l'hygromètre de Saussure.

Enfin, les graines des races annuelles doivent subir l'action du froid pour être capables d'éclore. M. Duclaux a montré que le meilleur degré de froid pour une bonne *hivernation* des graines est au voisinage de o° C.

2. **La larve ou ver.** — Le ver ou larve (fig. 2 à 9 et fig. 13 et 14) a une forme cylindrique allongée; son corps est composé de 12 anneaux, non compris la tête et l'appendice anal qui est un anneau supplémentaire. Les trois premiers anneaux sont le *thorax* ou poitrine; les 9 suivants forment *l'abdomen*. Les trois anneaux du thorax portent chacun une paire de *jambes articulées*; des 6e, 7e, 8e, 9e et 12e anneaux sont aussi pourvus d'une paire de *jambes membraneuses, non articulées*, terminées par deux rangées de petits crochets tournés en dedans.

Fig. 5. — Ver à soie à la 8e mue; A, avant la mue; B, après la mue.

Sur le premier anneau du thorax et les huit premiers anneaux de l'abdomen on voit deux taches noires elliptiques, une de chaque côté; ce sont des petites ouvertures (*stigmates*) par lesquelles le ver respire.

On remarque aussi sur le côté dorsal des 5e et 8e anneaux 2 taches en forme de croissant à concavité tournée en dedans et sur le 11e une excroissance conique, *l'éperon*.

Chez les vers ordinaires, la peau est blanche, lisse; il existe en outre des variétés à peau d'un gris plus ou moins obscur (*moricauds*), d'autres à peau blanche avec des rayures noires aux jointures ou inversement à peau noire avec des rayures blanches. Enfin il y a des vers avec deux tubercules dorsaux par anneau jusqu'au 10e et au 12e anneau ; ce sont des *vers à bosses*.

La *tête* est petite, globuleuse ; elle porte six petits yeux de chaque côte, une paire *d'antennes* (organes olfactifs et tactiles), deux lèvres (supérieure et inférieure), deux *mandibules* pour découper la feuille, deux *mâchoires*. Sous la lèvre inférieure se trouve

Fig. 6. — Ver à soie à la 4e mue (avant la mue)

un petit mamelon conique, la *trompe soyeuse*, au sommet duquel est l'orifice de sortie du fil de soie.

L'intérieur du corps est occupé par l'appareil *digestif*, l'appareil *respiratoire*, celui de la *circulation*, le *système nerveux*, deux *glandes salivaires*, des organes *excréteurs* (tubes de Malpighi), des organes reproducteurs rudimentaires (*capsules génératrices* et *organes* de Hérold), un *tissu graisseux* plus ou moins développé, des *muscles*, et enfin deux longs tubes repliés sur eux-mêmes, placés à droite et à gauche du tube digestif : les *glandes soyeuses* ou appareil producteur de soie (fig. 15).

L'aliment naturel du ver est la feuille de mûrier ; il en ingère environ 13 gr. 1/2 depuis sa naissance jusqu'à sa maturité. La quantité d'oxygène qu'il absorbe en 24 heures dans la respiration est, à poids égal du corps, la même que chez les animaux supérieurs : cette quantité est de un mètre cube environ par 24 heures pour les vers d'une once de 25 grammes au cinquième âge. Les substances sécrétées sont : les *sucs salivaire* et *gastrique* et la *soie*. Celle-ci est revêtue d'une substance gommeuse, appelée *grès*, de couleur *jaune*, *blanche* ou *verte*, suivant les races.

Fig. 7. — Ver à soie à la 4ᵉ mue (après la mue)

La quantité totale de soie émise par un ver pour la formation de son cocon est de 15 à 20 centigrammes. Quand le ver se dispose à faire son cocon il cesse de manger et devient transparent, on dit qu'il est *mûr*. Il cherche à quitter sa litière et si on lui donne des branchages il y *monte* pour y installer son cocon. Ayant trouvé un endroit favorable, il s'arrête, jette d'ici de là quelques fils et établit ainsi une sorte de réseau (*bourre* ou *blase*). Au centre de ce réseau il délimite un espace ovale, à l'intérieur duquel il demeure enfermé et qu'il continue de tapisser avec sa soie de dehors en dedans : c'est le *cocon* (fig. 9 et 10). Le ver travaille trois jours à la formation de son cocon. Celui-ci est resserré ou non dans le milieu de sa longueur, *ovoïde*, *cylindrique*, *conique*, suivant les races.

A l'éclosion, le ver est une petite chenille (fig. 2). Elle est hérissée de longs poils bruns et son aspect est noirâtre. Dès sa sortie de l'œuf, cette petite larve s'attaque aux parties les plus tendres des feuilles de mûrier, et si la température est convenable (23° C.), elle acquiert en un mois le maximum de sa taille; elle pèse alors 4 à 5 grammes. Avant d'arriver à *maturité*, c'est-à-dire avant le moment de faire son cocon, elle subit *trois* ou *quatre* mues. Quand le ver

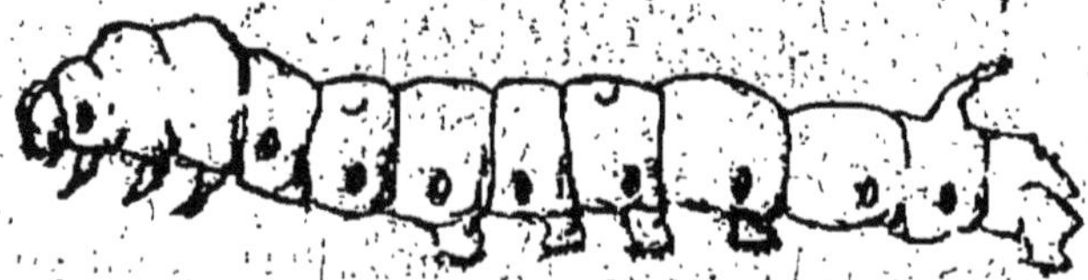

Fig. 8. — Ver à soie au maximum de sa taille

se dispose à *muer*, son appétit diminue, ses mouvements se ralentissent, sa peau devient distendue et lisse; finalement, il cesse de manger, demeure immobile, la tête et la partie antérieure du corps relevés (fig. 8 à 6) jusqu'à la chute de la *cuticule*. On appelle vulgairement *sommeil* le temps d'immobilité qui précède une mue. Au sortir de la mue, le ver se remet à manger, peu d'abord, puis davantage, ensuite beaucoup. La période pendant laquelle le ver mange le plus entre deux mues s'appelle *frèze* ou *briffe*. Le temps qui s'écoule de la naissance à la terminaison de la première mue et ensuite d'une mue à la fin de la mue suivante s'appelle *âge*. Chez les vers à quatre mues, il y a cinq âges : le premier dure 5 à 6 jours (un jour pour la mue) ; le deuxième 4 à 5 ; le troisième 6 à 7 ; le quatrième 7 à 8 et le cinquième 10 à 12 jours (deux pour la mue).

Voici les dimensions et le poids d'un ver aux différentes phases de son développement :

	Longueur m/m	Largéur m/m	Surface m/m²	Poids gr.
A l'éclosion..........	3	1. »	3	0.00074
A la sortie de la 1ʳᵉ mue.	8	1.25	10	0.00708
— 2ᵉ —	15	2.00	30	0.00440
— 3ᵉ —	28	3.00	90	0.18800
— 4ᵉ —	40	5.50	220	0.76600
Au maximun de taille	80	7.50	600	4.48600
Ver mûr..........				3.66400

3. **Chrysalide ou Fève.** — Si on ouvre un cocon dans le troisième jour après sa terminaison on y

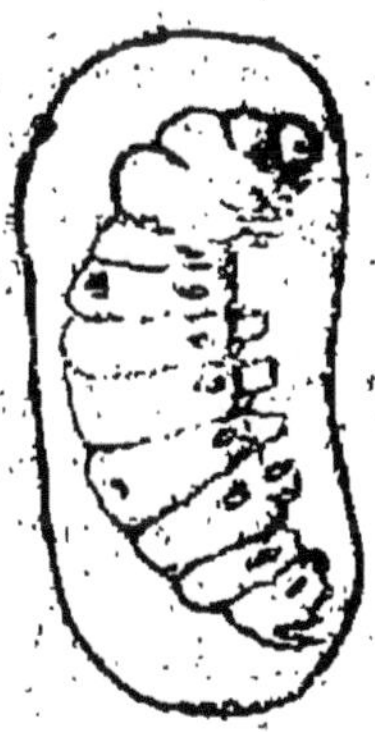

Fig. 9. — Ver à soie à l'intérieur de son cocon. (avant sa transformation en chrysalide)

trouve le ver à l'état de chrysalide. Celle-ci (fig. 10). se distingue de la larve par sa forme *ovoïde*, sa couleur *rouge-brunâtre*, *l'absence de jambes abdominales*, et la présence de deux ailes aux thorax. La chrysalide demeure presque sans mouvement dans le cocon jusqu'à sa tranformation en *papillon*. Elle respire activement à travers l'épaisseur de la coque

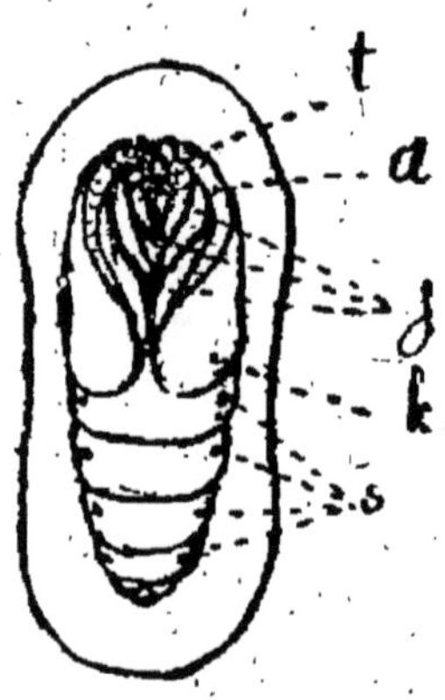

Fig. 10. — Chrysalide dans le cocon : *t.* tête; *a.* antennes; *j.* jambes appliquées contre le thorax, du côté ventral (3 paires); *k.* ailes appliquées contre le corps; *s.* stigmates (orifices respiratoires abdominaux), deux paires sont dissimulées sous les ailes. Il y a, en outre, une paire thoracique.

soyeuse; elle ne prend pas de nourriture et vit aux dépens de ses réserves graisseuses, elle résiste à des froids de plusieurs degrès au-dessous de zéro. Une chaleur de 75 à 80° la fait périr instantanément : tandis qu'une température de 3o à 35° active sa transformation en papillon.

4. **Le Papillon.** — Quand le papillon (fig. 11, 12

et 16) est formé, il s'isole de son enveloppe de chrysalide, mouille l'extrémité du cocon avec un liquide
alcalin qui a la propriété de décoller les replis du fil
agglutinés par le *grès*, et, s'aidant des pattes et de la
tête, il écarte les fils devenus libres, se fraye un passage à travers l'épaisseur de la coque et sort.

Le corps du papillon (fig. 11, 12 et 16) se compose,
comme celui de la larve, de la *tête* (très petite), du
thorax (trois anneaux) et de l'*abdomen*. La tête porte

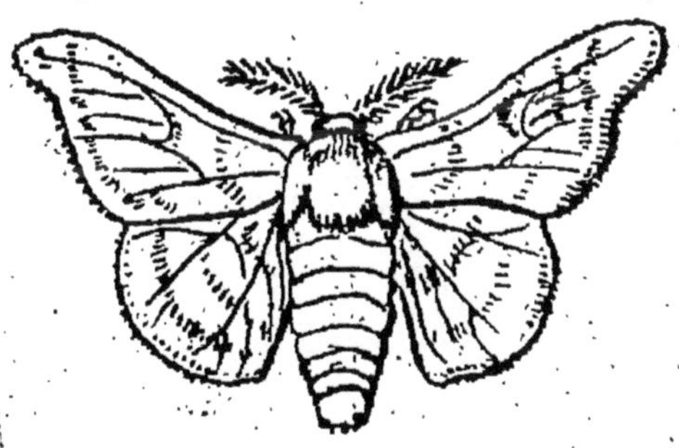

Fig. 11. — Papillon (mâle)

deux *antennes plumeuses* : celles du mâle sont plus
grandes que celles de la femelle ; deux *yeux composés*
et une *bouche* entourée de pièces rudimentaires. Sur
le *thorax*, se trouvent *trois paires de pattes* (en dessous), *deux ailes* (en dessus), une paire de *stigmates*
(sur le premier anneau). L'*abdomen* est composé de
9 anneaux, les sept premiers ont chacun une paire
de stigmates et les deux derniers sont en partie
transformés en organes d'accouplement. Toutes les
parties du corps sont couvertes *d'écailles blan-
châtres* ou *grisâtres*.

A l'intérieur du corps on retrouve les mêmes organes que chez la larve mais modifiées. Certains sont atrophiés (*glandes soyeuses et salivaires*). Les appareils reproducteurs sont complètement développés. Celui du mâle (fig. 11 et 16) consiste en 2 testicules, dans le 8e anneau ; d'où partent deux conduits *defférents* qui se réunissent à un canal *éjaculateur* lequel aboutit au *pénis* ou *verge* qui fait saillie à l'extrémité de l'abdomen. De chaque côté du

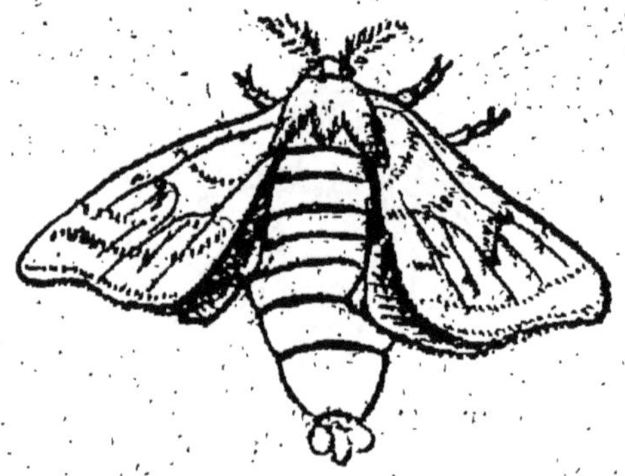

Fig. 12. — Papillon (femelle)

pénis sont deux *grands crochets* (voir fig. 16). Chez la femelle (fig. 12) il y a *huit tubes ovariques* qui contiennent les *œufs* et où ceux-ci prennent naissance (il y a 100 œufs par tube ovarique au maximum). Ces tubes se réunissent à un canal unique *l'oviducte* qui s'ouvre au dehors, à l'extrémité de l'abdomen par *l'orifice de sortie des œufs*. Dans l'oviducte débouchent les conduits des *poches copulatrice* (avec ouverture extérieure d'accouplement à côté et au dessous de l'orifice et sortie des œufs) et *séminale* et celui des *glandes du vernis* qui sécrètent le liquide visqueux dont les œufs sont revêtus avant leur sortie de l'oviducte.

Comme la chrysalide, le papillon vit sur ses réserves graisseuses. Plus il est gras, plus il vit longtemps (en moyenne 15 jours) ; sa *longévité*, comme d'ailleurs celle du ver et de la chrysalide, dépend aussi du degré de chaleur, de l'humidité de l'air, etc.

Après leur sortie des cocons les papillons s'accouplent. L'union peut durer plus de 10 heures ; mais un accouplement d'une heure, à 25° C., et de 6 heures à 20°, sont suffisants.

Après l'accouplement la femelle (fig. 12) pond ses œufs : à l'état sauvage sur l'écorce des mûriers ; sur des toiles ou des papiers à l'état domestique. Une femelle dépose 800 œufs au maximum ; en moyenne 500. La ponte dure *trois jours*. Trois pontes pèsent un gramme ; il en faut donc 75 pour faire une once de 25 grammes. L'*once* est l'unité de poids en usage dans l'élevage des vers et le commerce des graines de vers à soie. L'once du commerce est de 30 grammes.

CHAPITRE II

RACES ET CROISEMENTS

Géographiquement, on peut diviser les races de ver à soie en races de *Chine*, du *Japon*, de *l'Inde*, du *Levant* et d'*Europe* (ou indigènes).

1. Races de Chine. — En Chine, on trouve tous les types de races à *graines* adhérentes et non adhérentes ; à *larves*, à *peau unie* (blanche, bleuâtre, verte, noirâtre, rayée) et à *bosses*); à *cocons* blancs, verts, jaunes, de diverses formes ; à *vers*, à *trois* et à *quatre mues*, *annuels* et *polyvoltins*.

Parmi les races de Chine, connues en Europe, on peut citer : la *Woosie* (cocon blanc ovale presque sphérique) annuelle ; la *Tché-kiang*, annuelle (cocon semblable au Woosie) et diverses races à cocons annuelles *jaunes-dorés* ovales.

2. Races de Japon. — Les races du Japon sont à quatre mues, *annuelles* ou *bisannuelles*, à *cocons blancs* ou à cocons *verts*. Les races à cocons verts sont de moins en moins exploitées. Les vers

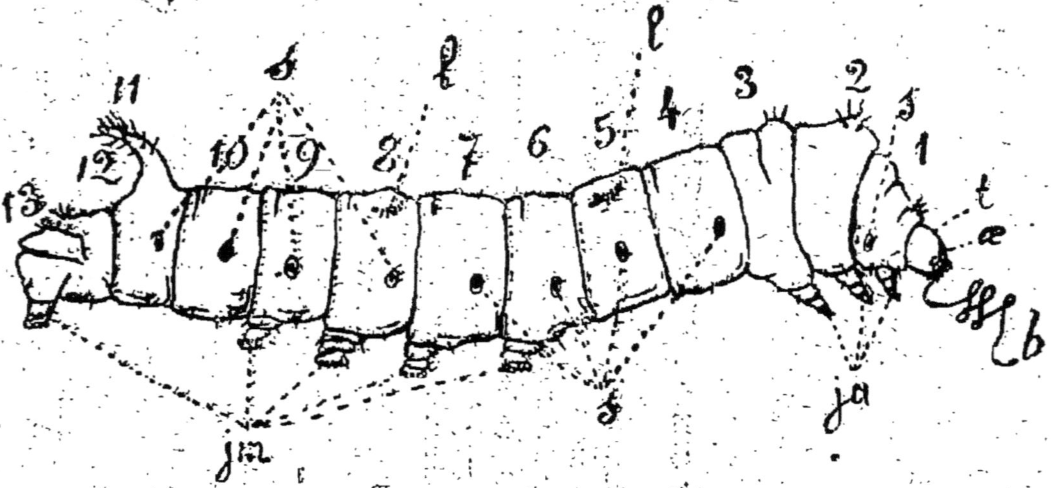

Fig. 12. — Le ver à soie après la 4e mue. Grossissement : 3. Organes extérieurs : t, tête ; œ, yeux (6 de chaque côté) ; b, fil de soie ou bave ; 1 à 13, anneaux du corps ; 1 à 3, anneaux du thorax ; 4 à 13, abdomen ; ja, jambes thoraciques (articulées ; se retrouvent chez la chrysalide et le papillon) ; jm, jambes abdominales (inarticulées ; disparaissent dans le passage du ver à l'état de chrysalide) ; s, s, s..., stigmates (orifices respiratoires) : 9 paires ; l, l, lunules ; 11, éperon.

japonais sont très vigoureux et relativement résistants à la maladie de la flacherie.

3. **Races de l'Inde** — Dans l'Inde, on élève des races polyvoltines à petits cocons ovales jaunes-dorés ou blancs. Ces races sont peu intéressantes pour nous.

4. **Races du Levant.** — Les races du Levant sont à graines non adhérentes et à graines adhérentes ; elles sont annuelles et à cocons cylindriques ou coniques. Quelques-unes méritent d'être signalées : La race turque de *Bagdad*, à graines non adhérentes, à cocons gros, cylindriques, blancs, à bon rendement moyen en fil dévidable. Les vers de cette race sont très répandus dans les élevages du Levant et employés quelquefois pour croisement. La race persane de *Sébzevar*, à très gros cocons (mais satinés et par conséquent défectueux) jaunes, vert-clair et blancs-verdâtres.

5. **Races d'Europe ou indigènes.** — Les races d'Europe sont les plus avantageuses à cultiver partout où le milieu s'y prête, à cause des qualités industrielles de leurs produits. Malheureusement, les vers de ces races sont moins résistants à la maladie de la flacherie, (qui est aujourd'hui la plus redoutable), que les races du Japon et certaines races de Chine.

Elles sont toutes annuelles ; à graines adhérentes ; à vers à quatre mues, à peau blanche, rayée, ou noirâtre (*moricauds*), à cocons cylindriques arrondis aux extrémités, resserrés dans le milieu de leur longueur ; à papillons blancs ou d'un gris plus ou moins obscur. Citons, en **France**, les *races* : des *Alpes*, des *Cévennes* (cocons jaunes et blancs), du *Roussillon* (cocons jaunes, petits à grains fins), de la *Corse* ; en **Italie** : *Bione* (cocon jaune, petit ou petit moyen, grain fin), *Gran-Sasso* (jaune), *Fossombrone* (jaune), *Gubbio* (jaune très gros, grain très gros), *Novi* (cocons blancs), etc.,.

6. **Croisement.** — Partout où l'on peut élever les races d'Europe, celles-ci doivent être préférées. Mais dans certaines conditions de culture favorables à la flacherie, l'élevage des *races pures du Japon* ou de *produits de croisements* est plus avantageux, surtout celui de produits des croisements. Ces derniers ont sur les races pures l'avantage d'être *plus vigoureux*, *plus rapides* dans leur développement. Mais ils donnent des cocons de nuance, de forme, de taille, de structure moins homogène que ceux de races pures.

En France on fait peu usage des croisements ; ils sont au contraire très appréciés dans le *nord de l'Italie* (Lombardie, Vénitie), et en *Autriche* dans le *Trentin*. Les croisements les plus estimés sont : *Indigène mâle* à cocons *jaunes* avec *Chine* ou Japon femelle annuelle à *cocons blancs* ou *jaunes* ovales. On élève seulement les produits directs du croisement. Les cocons de reproduction entre métis sont inférieurs. A la première génération (produits directs de croisement), les cocons de croisement indigènes jaunes avec Chine ou Japon blancs sont, la plupart, de couleur *jaune-paille*.

CHAPITRE III

MALADIES ET ENNEMIS

Les vers sont exposés à des maladies. Les principales sont : la *muscardine*, la *pébrine*, la *flacherie* et la *grasserie*. Ils sont aussi parfois la proie de certains animaux, comme la mouche *oudji* dans les pays de l'Extrême-Orient.

1. **Muscardine.** — La muscardine est une maladie causée par un champignon microscopique parasite, le *Botrytis bassiana*. Le mycélium de ce champignon (c'est-à-dire son système végétatif souterrain), se développe dans le corps où il vit aux dépens des organes du ver. Celui-ci meurt au bout d'une dizaine de jours de maladie. Après la mort, son corps (d'abord mou) durcit peu à peu ; il prend en même temps une couleur brunâtre ou rougeâtre qu'il conserve si l'air est sec ; quand l'air est humide le cadavre se couvre *d'une efflorescence blanche* formée de *filaments fructifères* chargés de *spores*, ou semences, du Botrytis (fig. 17). Ce sont les spores, dont le diamètre

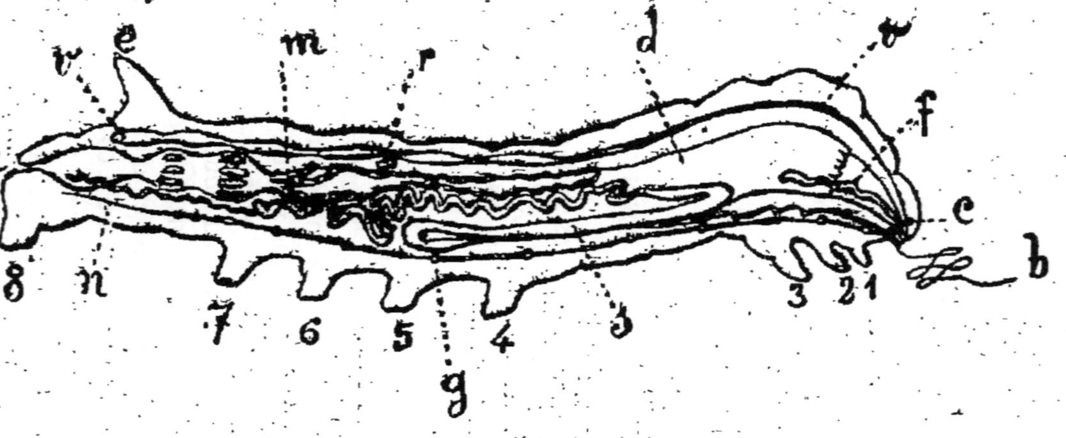

Fig. 14. — Le ver à soie. Organes intérieurs : *d*, tube digestif ; *a*, anus ; *m*, vaisseaux urinaires ou de Malpighi (6) ; *f*, glandes salivaires (2) ; *s*, glandes soyeuses (deux), sécrétant la soie ; *b*, fil de soie ou bave ; *r*, capsules génératrices (deux) ou organes reproducteurs rudimentaires ; *n*, *g*, *c*, système nerveux ventral ou chaîne ganglionaire ; *g*, ganglions nerveux (treize en tout) ; *c*, cerveau ou ganglion sus-œsophagien ; *v*, *v*, vaisseau dorsal ou cœur ; *1* à *3*, jambes thoraciques ; *4* à *8*, jambes abdominales ; *é*, éperon.

est de 2 millièmes de millimètre, qui, en tombant sur les vers ou sur les feuilles mangées ensuite par les vers, propagent la maladie. Ainsi le parasite envahit le ver par deux voies : à travers la peau de dehors en dedans, et par le tube digestif de dedans en dehors.

Le moyen de lutter contre la *muscardine* consiste à détruire les spores dans les locaux d'élevage, ou *magnaneries*, en faisant brûler du soufre dans ces locaux (3 kilog. pour 100 mètres cubes de capacité). On peut aussi employer la *formaline* : 1° en *solution* : 30 à 40 litres à 2 ou 3 °/₀, pour 100 mètres cubes ; ou 2° à l'état gazeux en chauffant doucement 200 ou 300 grammes de formaline dans une capsule de cuivre pour faire dégager les vapeurs.

Si le ver est atteint tardivement (après sa dernière mue), il pourra, avant de mourir, monter sur la bruyère et produire un cocon plus ou moins fourni ; mais la mort le frappera dans le cocon avant qu'il ait pu se changer en papillon. Lorsque le ver meurt à l'intérieur du cocon, il y blanchit comme au dehors ; son cadavre devenu dur et sec sonne dans le cocon comme le ferait un caillou. Le papillon peut aussi contracter la maladie, mais seulement après sa sortie du cocon ; il meurt en moins de trois jours.

2. **Pébrine.** — *Pébrine* vient du mot *pebré*, poivre, en Languedoc : souvent les vers qui en sont atteints ont des taches noires sur la peau, ce qui les fait paraître comme poudrés de poivre, d'où le nom de *pébrine*. Cette maladie peut se rencontrer chez le

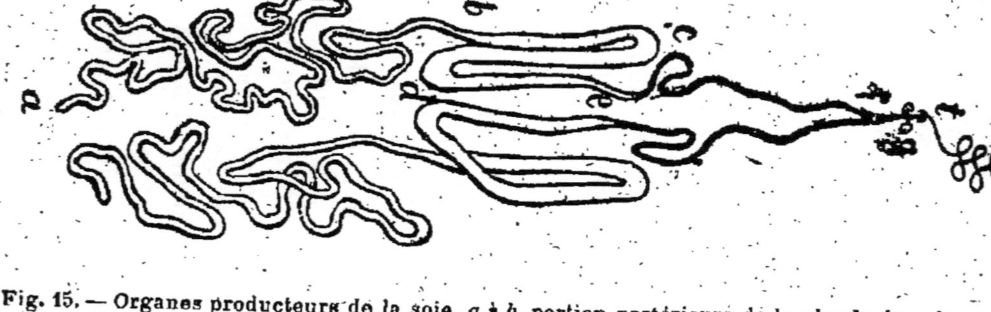

Fig. 15. — Organes producteurs de la soie. *a* à *b*, portion postérieure de la glande dans laquelle la soie est sécrétée ou *sécréteur* ; *b c d e*, partie moyenne dans laquelle la soie, sécrétée dans la partie postérieure, s'accumule; et où le *grès* ou *séricine*, la matière colorante et la *mucoïdine* sont sécrétés.; *e* à *f*, partie antérieure de la glande ou *filière*, à l'intérieur de laquelle la matière soyeuse, accumulée dans le réservoir, s'étire en fil ; *f*, point où les deux filières ou *tubes excréteurs* se joignent, sous la tête, pour constituer un conduit unique, *ft*, s'ouvrant au sommet de la *trompe soyeuse*, dans la lèvre inférieure ; *g*, glandes (deux) accessoires ou de *Filippi*; *t*, sommet de la trompe soyeuse située en-dessous de la lèvre inférieure du ver à soie.

ver à tous les états, d'œuf, de larve, de chrysalide et de papillon.

La maladie se reconnaît à la présence dans les tissus de corpuscules ovales brillants mesurant 2 millièmes de millimètres sur 4 (fig. 18). Pour rechercher les corpuscules, on écrase l'œuf, le ver, la chrysalide ou le papillon dans un peu d'eau et, avec une goutte de la bouillie, on fait une préparation qu'on examine au microscope à un grossissement de 500 diamètres.

Pasteur (ses recherches de 1865-1870) a prouvé que les corpuscules étaient la cause de la pébrine. Ces corps microscopiques sont des *protozoaires* (animaux unicellulaires) qui vivent en parasites chez le ver. La pébrine est héréditaire, et c'est sur ce caractère d'hérédité que le procédé inventé par Pasteur pour éviter cette maladie est basée. Ce moyen est absolument efficace. Il consiste à isoler les couples de papillons; à examiner au microscope les papillons après la ponte, pour y rechercher les corpuscules ; à conserver les pontes des sujets reconnus sains et à détruire celles des couples corpusculeux. Dans la pratique, on se contente d'examiner au microscope les papillons femelles. En effet, on a reconnu que les mâles ne transmettaient pas les corpuscules aux œufs. La contagion n'est pas à craindre si on élève des graines pures de corpuscules.

3. Flacherie. Gattine. — La Flacherie est la plus redoutable des maladies des vers : 1° parce

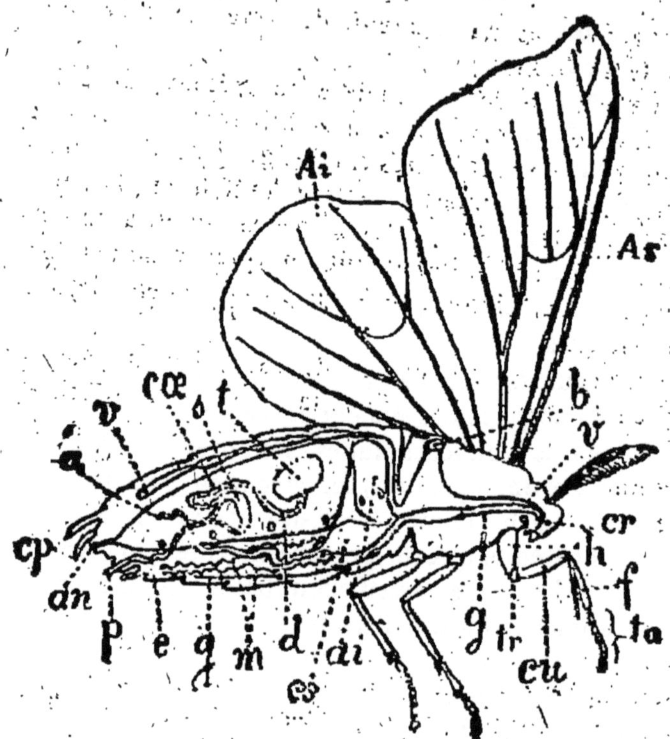

Fig. 16. — *Organisation du papillon (mâle). Sur le thorax, en avant, on voit les jambes (3 paires)*; *h à ta*, jambe antérieure; *h*, hanche; *tr*, trochanter; *cu*, cuisse ou fémur; *f*, tibia; *ta*, tarse. *As et Ai*, ailes (deux paires) : *As*, aile antérieure; *Ai*, aile postérieure ou inférieure; *cp*, crochets d'accouplement; *an*, anus; *ai*, poche à air ou jabot; *es*, estomac; *cœ*, caecum; *gg*, chaîne ganglionnaire; *cr*, cerveau ou ganglion sus-œsophagien; *t* testicules (deux); *d*, conduits déférents (deux); *s*, vésicules séminales (deux); *a*, glandes accessoires (deux); *e*, canal éjaculateur (un) aboutissant au pénis ou verge; *p*, pénis ou verge; *v*, vaisseau dorsal; *b*, cœur.

qu'il n'existe pas de moyen absolument sûr d'en préserver les vers ; 2° et qu'elle arrive aux derniers
jours de l'élevage, quand les vers sont sur le point
de monter aux branchages pour faire leur cocon.

Les caractères sont, avant la mort : *un état lan-
guissant* et l'immobilité des vers qui demeurent allongés sans mouvement sur les tables d'élevage ou le
long des rameaux à l'époque de la montée, l'accu-
mulation à l'anus de matières excrémentielles semi-

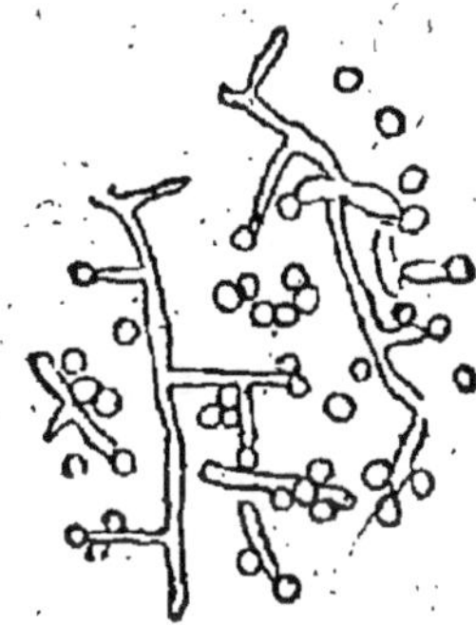

Fig. 17. — Champignon microscopique de la *muscardine (Botrytis bassiana)*, filaments fructifères et spores
Grossissement : 500

liquides, noirâtres, qui en se desséchant en obstruent
l'ouverture ; après la mort qui arrive rapidement : la
flaccidité du corps qui devient de plus en plus mol-
lasse, le *noircissement* de la peau en commençant
par les anneaux du thorax, une *odeur infecte* qui
s'exhale du corps des vers, même avant leur mort.
Ce sont là des *signes de putréfaction*. D'après
Pasteur, qui l'a étudiée en même temps que la pé-

brine, la flacherie débute par une *fermentation* des feuilles dans l'estomac du ver. Cette fermentation est déterminée par de petits microbes ronds (1 millième de millimètres de diamètre) groupés par deux, trois, quatre et davantage à la suite l'un de l'autre comme les grains d'un chapelet *(ferment en chapelet de grains ou streptocoques du bombyx du mûrier)*. A cette fermentation succède un état de *putréfaction* causée par les *vibrions bacillaires* (en forme de bâtonnets), *bacillus bombycis*, auxquels sont souvent mêlées d'autres formes de microbes (voir fig. 19).

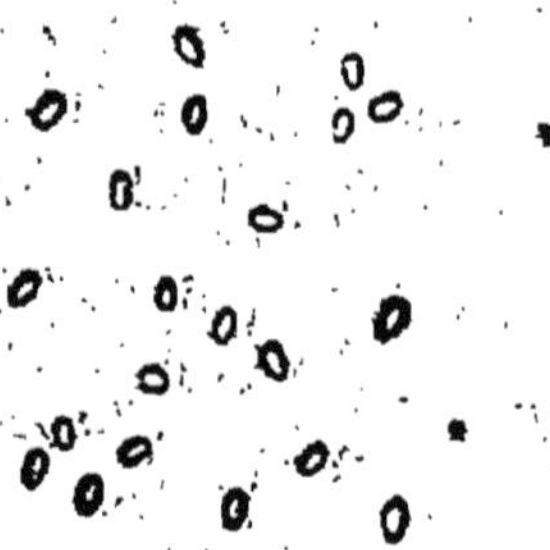

Fig. 18. — Corpuscules de la *pébrine*. Grossissement : 500

La *fermentation* et la *putréfaction* s'attaquent d'abord aux parois du tube digestif et gagnent peu à peu les organes jusqu'à la peau.

Ces germes sont très répandus : il s'en trouve en quantité plus ou moins grande notamment dans les poussières et à la surface des feuilles de mûrier. Ainsi, en ingérant ces feuilles, les vers avalent en même temps les microorganismes de la flacherie. Si les vers sont affaiblis et digèrent mal, les fragments de

feuilles ingérés par eux séjournent sans être assimilés
et s'accumulent dans l'estomac ; pendant ce temps
les microbes se multiplient envahissent l'organisme
et la flacherie dè se déclare. Si au contraire, les
vers sont vigoureux, leurs glandes salivaires, stoma-
cales fonctionnent normalement les feuilles sont vite
digérées et les germes de la flacherie rejetés au dèhors
avec les excréments avant d'avoir pu devenir nuisibles. Ainsi la flacherie serait provoquée par une
indigestion ; toutes les causes susceptibles de gêner
les fonctions digestives : affaiblissement de l'orga-

Fig. 19. — Microbes de la *flâcherie*. A gauche : ferments en
chapelets de grains *(streptocoques)* communs à la *flacherie*
et à la *gattine*. A droite : vibrions bacillaires, et *spores* de
bacilles. Grossissement : 500.

nisme, feuilles malpropres, poussières, graines mal
conservées, insuffisance d'aération pendant l'élevage,
vers trop serrés, etc..., peuvent provoquer l'apparition de la flacherie.

En outre, Pasteur a observé que les vers issus de
graines provenant d'un élevage ou il y avait eu la
flacherie, étaient prédisposés à devenir flats. Donc, il
faut exclure de la reproduction toute chambrée sus-
pecte de flacherie.

La *gattine*, ou *maladie des têtes claires*, ou

maladie des *arpians* paraît être une forme de la flacherie : dans cette maladie, les vers meurent successivement, depuis la naissance jusqu'à la montée, même dans le cocon, et surtout au moment des mues.

Après la mort, la peau du ver se conserve intacte, le corps s'aplatit peu à peu et se dessèche. Dans les tissus on retrouve les *ferments de la flacherie*, mais pas de vibrions.

4. **Grasserie.** — La *grasserie* se reconnaît au gonflement des anneaux du ver, à l'aspect du sang

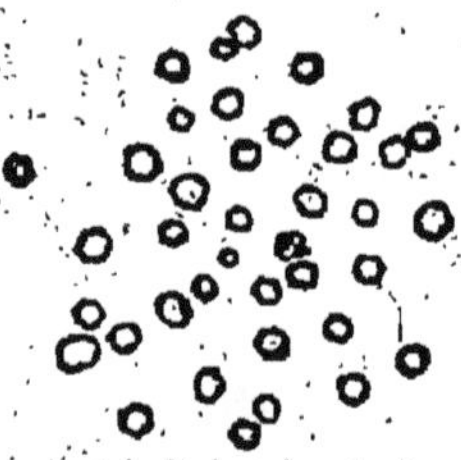

Fig. 20. — Globules polyédriques de la *grasserie*.
Grossissement : 500

qui est trouble (il ressemble à du jaune d'œuf chez les vers de races à cocons jaunes, et à du lait, chez les vers de races à cocons blancs). En outre, la peau chez les races à cocons jaunes devient *jaune* (de là le nom de *jaunisse* donné aussi à cette maladie). Si on examine au microscope, à un grossissement de 5oo, une goutte de sang de ver gras, on y voit en grand nombre des globules *polyédriques* de divers diamètres (4 millièmes de millimètre de diamètre en moyenne) (fig. 20). Certains considèrent la grasserie comme contagieuse et microbienne. Elle est commune et peu redoutée; il est rare de rencontrer des élevages dans lesquels cette maladie soit développée au point de réduire sensiblement la récolte des cocons. Il faut enlever les *gras*, quand on en aperçoit, et, autant que possible, avant qu'ils arrivent à éclater et salir les autres vers, la feuille et les litières. Si les malades sont nombreux, on fera bien d'écarter l'élevage de la reproduction.

5. Maladie de la mouche *(Oudji).* — Dans les pays de l'Extrême-Orient (Chine, Japon, Inde), les vers sont attaqués par des espèces de mouches parasites qui en font périr un grand nombre. Ces mouches parasites du ver sont heureusement inconnues dans nos pays.

CHAPITRE IV

CONSERVATION ET INCUBATION DES GRAINES. — ÉCLOSION

1. Conservation des graines. — Les règles pour la conservation des graines se déduisent de la connaissance de leurs besoins physiologiques. Il faut les placer dans un *endroit aéré et sec*, et *ne pas les préserver du froid l'hiver*; car, on le sait, pour devenir capables d'éclosion, il est indispensable que les graines des races annuelles aient subi pendant deux ou trois mois l'action du froid.

On peut distinguer dans la vie des graines des races annuelles trois périodes : la première, *préhivernale*, va de la ponte au premiers froids (juillet-novembre dans nos pays). Pendant cette période les graines sont incapables d'éclore; elles ont surtout besoin d'air; on prolonge quelquefois artificiellement cette période jusqu'en janvier par *l'estivation*. La deuxième période est la *période d'hivernation*, pendant laquelle les graines subissent le froid de l'hiver ; elle s'étend jusqu'aux premières chaleurs de printemps (novembre à février ou mars). C'est la période la plus facile pour la bonne tenue des graines, car pendant l'hiver les graines sont comme engourdies et dans un état de *vie ralentie*, pendant lequel elles respirent à peine et sont peu sensibles à l'action des circonstances (humidité, manque d'air, etc...), capables de leur nuire beaucoup dans la période suivante. Après *l'hivernation* vient la période *posthivernale* qui commence avec les premières chaleurs du printemps et s'étend jusqu'à l'incubation. La graine ayant subi le froid est alors capable d'éclore à un température de 12° centigrades suffisamment prolongée. Pendant cette période la température doit monter peu à peu et on doit éviter qu'après s'être élevée elle s'abaisse : en effet, à cette époque les variations de température fatiguent le germe, souvent au point de le faire périr dans l'œuf ou bientôt après l'éclosion, et toujours assez pour diminuer plus ou moins la force du ver et le rendre moins capable de résister à la flacherie.

On peut soustraire les graines aux dangers d'altération pendant cette période par la prolongation artificielle du froid jusqu'au moment de mettre en incubation (*hivernation artificielle*). Mais les procédés de l'hivernation artificielle sont coûteux et on y a recours le moins possible.

Il est souvent utile quand on supprime la période printanière par la prolongation artificielle du froid d'employer *l'estivation* jusqu'à janvier, afin de ramener la durée de *l'hivernation* à des limites convenables : le froid devenant nuisible aux graines quand il est trop prolongé. *Trois mois à une température de zéro est une durée d'hivernation suffisante et qu'il faut éviter de dépasser.*

Pour maintenir l'air sec, on place dans la chambre où sont les graines de la chaux vive en morceaux, que l'on renouvelle quand elle est réduite en poussière.

2. **Incubation.** — Quand les mûriers commencent à se couvrir de feuilles au printemps (du 12 avril au 1" mai dans nos climats), c'est le moment de mettre en *incubation.*

Mettre les graines en incubation, c'est les placer dans les conditions convenables pour faire éclore les vers. On pourrait se contenter de retirer les œufs de la chambre froide où ils étaient et d'attendre l'éclosion des vers qui finirait par se produire sous l'action de la chaleur du soleil. Mais dans ces conditions (*incubation naturelle*), les vers naissent successivement et la durée de l'éclosion d'une masse de graines dépasse quelquefois un mois ; 2° les vers apparaissent souvent trop tôt ou trop tard et naissent débiles. On évite ces inconvénients par *l'incubation artificielle* consistant à chauffer les graines pour provoquer l'éclosion en temps voulu. On les met pour cela dans une *chambre d'éclosion* ou dans une *étuve* pourvue d'ouvertures d'aération et on les y fait passer progressivement, à raison de un degré environ par jour, de la température où elles étaient dans la chambre de conservation au moment de la mise en incubation, à celle de 20° centigr. La température est maintenue à ce degré jusqu'à l'apparition des premiers vers et portée ensuite à 24 ou 25°.

L'éclosion dure ordinairement trois jours dans ces conditions.

Pendant l'incubation les graines respirent avec une grande activité, elles ont donc besoin de beaucoup d'air et doivent être étendues en couche mince sur le fond d'un tamis ou d'une boîte perforée : il faut au moins deux décimètres carrés de surface pour les œufs d'une once de 25 grammes.

3. Éclosion. — Les éclosions se produisent au lever du soleil et dans la matinée jusqu'à 5 heures (73 o/o).

Par le *brossage*, l'*électricité*, l'immersion dans les *acides forts*, les *tempértures élevées* agissant pendant un temps très court, l'immersion dans l'*eau chaude* et *froide* alternativement, l'action de l'*oxygène*, on peut provoquer l'éclosion des œufs de races annuelles avant qu'ils aient subi l'action du froid ; mais il faut opérer pour réussir sur des graines récemment pondues. Ces procédés d'éclosion ne sont pas utilisés dans la pratique.

CHAPITRE V

ÉLEVAGE DES VERS

Dans l'élevage des vers nous distinguerons ce qui concerne le *local* (Magnanerie), les *ustensiles* et les *opérations* ou travaux de l'élevage.

1. **Magnanerie.** — Le local dans lequel on élève les vers est la *magnanerie*. Elle devra satisfaire à quelques conditions essentielles relatives aux *dimensions*, à l'*éclairage*, à l'*aération* et *chauffage*.

La *capacité* doit être de 100 mètres cubes au moins pour les vers d'une once de 25 grammes de graines. On adoptera des fenêtres larges et hautes donnant libre accès au soleil et à la lumière. A moins de conditions climatériques particulières qui ne se présentent pas dans nos pays ou de circonstances spéciales, comme la présence de mouches parasitaires, nécessitant l'entretien d'une demi-obscurité.

Une *aération abondante* est une des conditions

les plus indispensables, il ne faut rien négliger pour
l'obtenir.

L'un des meilleurs appareils de ventilation est la
cheminée.

Une cheminée ordinaire dans laquelle on entre-
tient constamment du feu suffit pour assurer un
renouvellement convenable de l'air dans une magnanerie de 100 m. cubes. Quelques soupiraux ou des
trappes ménagées dans les planchers et ouverts à propos complèteront utilement l'action des cheminées
et pourront dispenser de faire toujours du feu.

La ventilation pourra aussi être rendue moins nécessaire par l'augmentation du rapport de la capacité
du local d'élevage à la quantité des vers.

La *température* dans la magnanerie doit être ni
trop haute ni trop basse : trop haute elle deviendrait
un danger pour la santé des vers en favorisant la flacherie ; trop basse, l'élevage traînerait et finirait par
devenir trop couteux. Une température de 20 à 25° C.
(23° C. en moyenne) est celle qui convient le mieux.
Les cheminées qui servent pour l'aération servent
aussi pour le chauffage. Si les conditions climatériques l'exigent on y adjoint un *poêle* pour obtenir
plus facilement le degré voulu de chaleur. Les
poêles en terre cuite sont préférables aux poêles
métalliques qui s'échauffent trop vite, se refroidis-
sent de même et donnent une chaleur inégale.

2. **Ustensiles d'élevage.** — La magnanerie doit
être pourvue de quelques instruments ou appareils
pour faciliter l'élevage : *Tables d'élevage, échelles,
corbeilles, sacs, papiers* ou *filets* à déliter, etc.

Pour économiser l'espace, on place les vers sur des *tables* superposées en forme d'*étagère*. Ces tables sont posés sur des traverses supportées elles-mêmes par des *montants* en forme d'*échelles*. Les montants sont ou fixés par leur extrémité inférieure au plafond et par le bas au plancher inférieure, ou *mobiles*, et ils reposent dans ce cas sur le sol par l'intermédiaire de *pieds*. La distance verticale d'une table à la suivante doit être de 40 à 50 centim. pour que l'air circule facilement entre elles ; un intervalle de 0m60 doit être ménagé entre le sol et l'étage inférieur de tables, et l'espace de l'étage supérieur au plafond devra être de 1 mètre. La largeur des tables se détermine sur la longueur du bras : Il faut qu'en étendant le bras on puisse du bord d'une table atteindre avec la main le bord opposé, ou le milieu si les tables sont accessibles des deux côtés. La longueur moyenne du bras est de 80 centimètres ; les tables auront donc 80 centimètres ou 1m60 de largeur, suivant le cas ; la longueur peut être quelconque.

Les *tables d'élevages* sont *pleines* : en planches juxtaposées : ou à *claire-voie* ou *claies* : cadres garnis, de liteaux, de toile métallique ou de fil de fer, roseaux juxtaposés ou entrecroisés, etc. Les *tables à claire-voie* ou *claies* valent mieux parce qu'elles sont perméables à l'air.

Des papiers non collés (papier gris, vieux de journaux), sont étendus sur les claies pour que les vers et les excréments ne passent pas à travers. Pour accéder aux étages supérieurs des *claies* on fait usage d'*échelles* ou d'*escabeaux*. Il faut aussi des *échelles*, des *corbeilles* et des *sacs* pour la cuillette des feuilles sur les mûriers et leur distribution aux vers sur les tables d'élevage.

Des *papiers* troués et les *filets* à mailles de grandeur convenable sont des instruments dont l'emploi facilite les changements de place des vers (*délitages*).

Je citerai seulement pour mémoire, les instruments de *nettoyage* et de *désinfection* : balais, éponges, chiffons, pulvérisateurs, pinceaux à badigeonner, récipients pour la combustion du soufre ou la préparation de solutions désinfectantes, appareils de vaporisation, etc...

3. **Installation et tenue des vers.** — A mesure que vers éclosent on les *lève*, c'est-à-dire qu'on les recueille au moyen de feuilles tendres de mûrier encore petites, ou de feuilles déjà grandes et plus dures que l'on a coupées en lanières. Quand les feuilles sont garnies de vers, on les prend à l'aide d'une petite pince et on les porte sur une *table d'élevage*.

Les vers ne doivent pas être tenus tellement serrés qu'ils se touchent. On dit qu'il faut voir la litière à travers les vers. L'expérience a appris que *les vers doivent occuper un espace de table, triple de la surface couverte par leur corps* pour ne pas souffrir de l'entassement. *C'est là un minimum.*

Nous avons donné, page 19, les surfaces couvertes par le corps d'un ver à chaque âge; le nombre de vers d'une once étant de 30.000 environ, il suffira de multiplier par 30.000 les chiffres de ces surfaces pour trouver les espaces à mettre à la disposition des vers d'une once à chaque mue. Ces espaces sont:

A la naissance......................	0m 30
A la sortie de la 1re mue.........	1 00
— 2e —	3 00
— 3e —	10 00
— 4e —	22 00
Au maximum de taille............	60 00

Les vers sont ordinairement trop serrés sur les *feuilles de levée*. Il faut les amener à s'espacer convenablement en s'écartant d'eux-mêmes les uns des autres. Pour cela, on dispose, sur la table d'élevage, les feuilles de levée sur 3 ou 4 rangées parallèles, de manière à occuper avec ces feuilles l'espace voulu; puis on sert aux jeunes vers un premier repas de feuilles fraîches coupées en menus morceaux uniformément sur toute la surface (rangées de feuilles de levée et espace entre les rangées). Les vers attirés par les feuilles s'écartent les uns des autres et se répartissent d'eux-mêmes convenablement.

Ensuite, pour que les vers prennent, à mesure qu'ils se développent, un espace toujours plus grand, on répand chaque jour, au moment des repas, la feuille sur une surface un peu plus grande que celle qui est occupée par les vers. On continue ainsi jusqu'à la 1re mue. Quand les vers sont sortis de mue, on les *délite*, c'est-à-dire qu'on les *lève* comme à l'éclosion, et on les porte sur des claies propres. Là, on les répartit sur un espace convenable (1 mètre carré par once). De la première à la seconde mue, on opère

617   2..

comme pendant le premier âge et ainsi jusqu'à la fin de l'élevage.

On peut aussi donner l'espacement entre deux mues au moyen de *délilages* ou *délitements*, dont il sera parlé plus loin (voir page 51).

La nourriture et les soins hygiéniques de propreté sont donnés aux vers sur les tables d'élevage, non à chacun en particulier, ce qui serait pratiquement impossible, mais à tous en même temps. En d'autres termes, tous les vers d'une table forment une unité, traitée comme si c'était un seul ver. Il faut donc qu'ils aient tous au même moment les mêmes besoins physiologiques et aient le même âge exactement. S'ils ont le même âge et qu'ils soient convenablement dirigés, ils auront la même grosseur, ils *seront égaux de taille*, ils franchiront ensemble les phases successives de leur développement et feront leurs cocons à la même époque.

Pour avoir des vers *égaux en âge*, il faut : ne mettre ensemble que les vers nés le même jour sans y mêler jamais des vers éclos un jour différent. Nous avons dit que les éclosions durent ordinairement trois jours, on aura donc trois groupes de vers de même âge et de même taille à l'éclosion. On attendra, pour donner le 1" repas aux vers d'un groupe, d'avoir réuni tous les vers de ce groupe. Pour maintenir égaux les vers d'un groupe, il faut entretenir une température égale en toute l'étendue des claies occupées par les vers de ce groupe et distribuer à tous la même quantité de feuilles. Autrement, les vers égaux au début (à la naissance) deviendraient inégaux, les plus chauffés et les mieux nourris, grandissant plus vite que les autres. Dans les premiers âges afin de faciliter l'égale répartition de la nourriture aux vers, on coupe les feuilles avant de les leur donner.

Une certaine méthode dans la cessation et la reprise des repas à l'époque des mues, doit en outre étré observée : suspendre toute distribution de feuilles à la sortie des premiers vers et attendre pour la reprise des repas, que la plupart aient terminé leur mue (la moitié ou les 2/3). On prend ces vers, non à poignée et un à un, mais au moyen de l'un des procédés usités par les délitages (voir plus loin) ; on les porte sur une table propre et on leur sert à manger.

Quand aux retardataires, ils recevront leur repas, après la mue, sur la vieille litière.

Si par suite d'insuffisance de soins ou pour une cause quelconque, les vers sont devenus inégaux, on rétablira l'égalité en séparant, au moment d'une mue, les premiers sortis de ceux qui sont encore engourdis dans la mue.

Pour réunir deux groupes différents de vers et en former un seul, il faut commencer par égaliser les vers de ces groupes ; on met les moins avancés à l'endroit le plus chaud de la magnanerie (près du plancher supérieur) et on leur sert un repas de plus ; on place les autres à l'endroit le moins chaud (près du sol) ou on supprime un repas. Lorsque les vers des deux groupes sont pareils, on les réunit.

4. **Soins de propreté. Délitages.** — Les débris de feuilles mêlés de déjections qui s'accumulent sur

les claies, sous les vers, sont une des sources principales d'altération de l'air, à cause de la vapeur d'eau et des gaz nuisibles qui s'en exhalent. L'enlèvement de ces débris, ou *litières*, doit être fait au moyen de *délitages* répétés le plus souvent possible : la règle est qu'*il ne faut pas tolérer sous les vers de la litière humide* et que, dans tous les cas l'épaisseur de ces débris ne doit pas dépasser un centimètre. Dans la pratique on nettoie les tables au moins une fois avant et une fois après chaque mue (sauf au 1ᵉʳ âge où l'on peut se dispenser de déliter).

Pour enlever la litière on commence par changer les vers de place : cette opération s'appelle *délitage* ou *délitement*. On délite les vers pendant l'élevage de la même façon qu'on les lève à l'éclosion. Seulement, au lieu de se servir de feuilles pour la levée, on emploie des rameaux sur lesquels les vers montent et qu'on emporte sur une claie propre.

On peut remplacer les rameaux par des *papiers percés* de trous assez grands pour que les vers puissent passer à travers, ou par des *filets* à mailles de diamètre convenable. On étend les papiers ou les filets sur les vers et, par dessus, on donne un repas de feuilles fraîches. Les vers attirés par les feuilles passent par les trous et montent sur les papiers ou les filets pour manger la feuille.

Quand les papiers ou les filets sont suffisamment chargés de vers on les prend pour les changer de place.

Il faut aussi balayer le sol chaque jour, en évitant de soulever les *poussières*.

5. Alimentation. — La première règle de l'alimentation est de donner aux vers de la feuille *propre, digestible, appropriée* à leur âge, et de ne pas leur en servir de nouvelle tant qu'il s'en trouve de mangeable sur les claies.

La feuille doit être propre quand on la ramasse et rester telle jusqu'au moment où elle est mangée par les vers. Sur les arbres en plein champ, la feuille est rarement malpropre, surtout si les plantations sont à une certaine distance des habitations. Dans la magnanerie, il faut éviter de salir les feuilles en soulevant les poussières, ou de les altérer par déchirure, compression, entassement, etc. Le degré de *digestibilité* dépend de diverses conditions : 1° de la variété de l'arbre : les feuilles de mûriers sauvageons, c'est-à-dire non greffés, sont plus digestibles, plus nutritives et plus soyeuses ; mais ces arbres sont moins productifs que les mûriers greffés ; 2° des conditions de milieu et de culture : en terrain léger, sec et ensoleillé la feuille est meilleure ; de même celle des mûriers non taillés ou taillés rarement ; 3° de *l'âge des arbres* : sur les arbres plus âgés la feuille est plus fine et plus digestible.

Le degré de développement de la feuille (son âge), doit être proportionné à celui des vers : aux vers jeunes il faut des feuilles jeunes ; aux vers déjà gros des feuilles plus développées. On effectue le *ramassage* ou *cueillette des feuilles* à deux moments dans la journée : le *matin* quand la rosée a disparu ; le *soir* avant la chute de la rosée du soir (*serein*) : les feuilles mouillées de rosée sont dangereuses pour la santé des vers; cueillies dans le milieu de la journée elles s'échauffent trop facilement. A mesure qu'on les ramasse, on les met dans des *sacs* ou des *draps*, ou on en remplit des *corbeilles* que l'on porte ensuite à la magnanerie où on les vide sur le sol bien propre d'un local frais (le *ramier*). Là, on conserve la feuille étendue (épaisseur 3o centimètres) jusqu'au moment de la distribution. On la soulève et on la secoue chaque fois que l'on prend pour un repas. Il faut éviter de donner aux vers des *feuilles mouillées*, parcequ'elles sont moins hygiéniques et augmentent l'humidité de l'air de la magnanerie. Si on prévoit la pluie, on cueille des quantités nécessaires pour les repas de un, deux et même, dans le dernier âge, trois jours à l'avance. *En temps ordinaire*, on sert le matin les feuilles ramassées la veille au soir et le soir les feuilles cueillies le matin du même jour.

Dans les premiers âges, jusqu'à la 3ᵉ ou 4ᵉ mue, on sert aux vers la feuille coupée en morceaux très menus d'abord puis un peu plus gros à mesure que les vers grandissent. A partir de la 3ᵉ ou de la 4ᵉ mue, on donne la feuille entière et même au 5ᵉ âge des petits rameaux avec leurs feuilles.

Il est difficile de fixer le nombre des repas, ce qu'on peut dire c'est que ce nombre doit être plus grand quand on sert les feuilles coupées, parcequ'elles flétrissent plus vite que les feuilles entières. On donnera par exemple :

De la naissance à la 3ᵉ mue, 6 repas, à

    5 h. 10 h. le matin
    1 h. 4 h. le soir
    7 h. 10 h.   —

A partir de la 3ᵉ mue : 4 repas, à $\left\{\begin{array}{lll} 4 & \text{heures} & \text{le matin} \\ 10 & — & — \\ 4 & — & \text{le soir} \\ 10 & — & — \end{array}\right.$

Les quantités de feuilles nécessaires aux vers d'une once sont les suivantes approximativement :

De la naissance à la 1ʳᵉ mue.		3 à 4	kilog.
Au 2ᵉ âge	—	9 à 10	—
Au 3ᵉ âge	—	30 à 35	—
Au 4ᵉ âge	—	100 à 150	—
Au 5ᵉ âge	—	600	—

En ajoutant à ces quantités les poids des portions non utilisables (portions de rameaux, pétioles, grosses nervures, parties altérées, salies ou flétries, etc...), et en tenant compte des pertes du poids par évaporation, du développement incomplet des feuilles dans les premiers âges, on arrive au chiffre de 1000 kg. environ de *feuilles adultes* pour les vers d'une once de 25 grammes. Quand on établit le rapport des poids des feuilles servies dans les 4 premiers âges et le dernier on trouve, comme le veut la pratique, *qu'à la 4ᵉ mue* il doit rester encore *deux mûriers sur trois non dépouillés de leurs feuilles.*

Dans le *Levant* et quelques autres pays (Frioul, Vénitie, Trentin), au lieu de servir aux vers des feuilles détachées des rameaux, on leur distribue des branches de mûriers avec leurs feuilles. Cette intéressante méthode d'alimentation *(élevage aux rameaux)* n'est pas usitée dans nos pays; elle pourrait l'y devenir avec, vraisemblablement, les mêmes avantages.

5. Encabanage, montée. — Dans le 7e ou le 8e
jour après la 4e mue, les vers deviennent *mûrs* (voir
page 17), c'est-à-dire qu'ils se disposent à faire leurs
cocons. C'est le moment de procéder à *l'encabanage*.
Cette opération consiste à disposer dans l'intervalle
des claies, des branchages (bruyère, genêts, tiges de
colza, etc...) séchés et dépouillés de leurs feuilles,
sur lesquels les vers *monteront* pour y établir leur
cocon. On arrange ces rameaux transversalement,
suivant des lignes parallèles distantes de 40 centimètres environ; de façon qu'ils s'élèvent verticalement
d'une claie à la claie supérieure en s'inclinant légèrement, par leurs extrémités, à droite et à gauche. On
a ainsi une suite de petites voûtes ou *cabanes* de
branchages qui constituent *l'encabanage*. Ceci est
l'encabanage sur place. En quelques endroits de
l'Italie on fait l'encabanage dans un *local spécial*
(*encabanage en bosquet*). Ce système a des inconvénients; il est peu usité.

La *montée* dure ordinairement *trois jours*, pendant lesquels on continue à alimenter les vers sous
les cabanes et à leur donner les soins de propreté
que leur santé exige. Quand il ne reste plus quelques
vers au pied des bruyères, on les prend et on
les porte sur d'autres claies: c'est le *démanage*

CHAPITRE VI

COCONS ET SOIE

1. Cocons. — Le septième jour après la montée des derniers vers, on récolte les cocons et on les livre à la filature : plus tôt, les vers ne seraient pas tous transformés en chrysalides ; plus tard, il y aurait diminution de produit par réduction du poids des cocons. En effet, à partir du jour de sa terminaison, le poids du cocon ne cesse de diminuer (de 1/2 à 1 o/o chaque jour).

Avant de livrer les cocons, on enlève la *bourre ou blase* qui les entoure, on trie les *doubles* (renfermant deux chysalides), les *tachés, faibles, fondus*, en un mot les *défectueux* dont la présence risquerait de déprécier la marchandise, et on les vend à part.

2. Bénéfice. — D'une once de graines, on retire sans difficultés de 50 à 60 kilog. de cocons frais. Le produit de vente de ces cocons, s'élève, à raison de 3 fr. le kilog, de 150 à 180 fr. Les déboursés, lorsque l'éleveur n'emploie pas de main-d'œuvre étrangère, et qu'il récolte sa feuille, ne dépassent pas 20 francs ; dans ces conditions, le bénéfice s'élève de 130 à 160 francs. Si l'éducateur achète la feuille, les frais monteront à 50 ou 70 fr., suivant le prix de la feuille; ils s'élèveront à 100 ou 120 francs s'il loue des ouvriers. Même dans ces derniers cas d'ailleurs, le bénéfice réalisé, sera encore considérable.

3. Étouffage et séchage des cocons. — Pour éviter que les cocons ne soient rendus indéviables par la sortie des papillons, on tue les chrysalides par l'étouffage à *l'air chaud* (75 à 80°), par exemple dans un *four* après avoir retiré le pain, ou en les exposant quelques minutes à l'action de la *vapeur d'eau* (100°). Ordinairement, cette opération est faite par les filateurs. Mais l'éleveur pourrait avoir intérêt à l'effectuer lui-même, afin de conserver les cocons dans l'espoir d'en retirer, au bout de quelque temps, un prix plus élevé. Après *l'étouffage*, les cocons sont mis à sécher d'abord au soleil en plein air, puis à l'ombre dans des locaux bien aérés. Le séchage complet dans ces conditions exige environ *trois mois*. On peut sécher plus rapidement en faisant traverser la masse des cocons, dans des *séchoirs*, par un courant d'air chaud et sec. La diminution de poids par le séchage, après l'étouffage, est des 2/3, c'est-à-dire que 100 kilog. de cocons frais se réduisent à 33 kilog. par le séchage.

4. Dévidage. — Pour dévider ou *tirer la soie* des cocons, on bat ceux-ci dans l'eau chaude au moyen d'une petite brosse *(escopète)* pour trouver l'extrémité

libre des fils, on réunit les baves de 2 à 20 (ordinairement 5 à 6) cocons suivant le *titre* (grosseur) à
obtenir, et on tire ces baves ensemble au moyen d'un
dévidoir appelé *tour*. Le faisceau de baves agglu-
tinées tiré au moyen du tour, s'appelle *fil grège* ou
grège. Il existe deux systèmes de tours à dévider :
le *tour à la Chambon*, ou *système français*, par
lequel on obtient des grèges plus régulières et plus
fortes et le tour à la *tavelette* ou *système italien*,
qui permet à une ouvrière de produire une plus
grande longueur de fil dans un temps donné. Ce
dernier système tend à se substituer de plus en plus
au premier.

Il faut une moyenne de 12 kilog. de cocons frais,
ou 4 kilog. de cocons secs, pour obtenir un kilog. de
soie grège, c'est ce qui s'appelle la *rentrée* ou rendement.

Le prix de vente du kilogramme de soie grège est
environ de 5o francs.

CHAPITRE VII

—

GRAINAGE

1. **But du grainage.** — Dans les opérations de la production des graines de vers à soie ou *grainage*, on ne doit pas simplement comme on le faisait autrefois (avant Pasteur) assurer la reproduction des vers en se servant pour cela de sujets quelconques; mais aussi se préoccuper de l'*élimination* de *tout* défaut ou *vice héréditaire* et, au contraire, de la *conservation* et du *développement* des *qualités* ou des *particularités utiles* ou avantageuses, *transmissibles*. On arrive à ces résultats par le choix méthodique, ou *sélection*, de reproducteurs irréprochables. Nous examinerons successivement : 1° la sélection contre les maladies héréditaires (flacherie et pébrine); cette sélection constitue le *système* de *grainage* inventé par Pasteur, et l'un des titres de gloire de ce grand savant; 2° le choix et l'arrangement des cocons pour le *papillonnage*; 3° l'*accouplement*, la ponte (sur petite toile, sur grande toile); 4° le *raclage*, *lavage*, *séchage* et *vannage* des graines.

2. Sélection contre la flacherie. — Tout élevage *dans lequel on aura observé, aprés la 4° mue, des signes de flacherie ou même seulement de tendance à cette maladie,* devra être éliminé de la reproduction. Les signes de flacherie ou de tendance à la flacherie sont : la présence de vers morts-flats, ou simplement languissants, paresseux, sans vigueur. Les vers sains mangent bien, sont agiles et montent rapidement à la bruyère.

3. Estimation du degré de corpusculosité d'un élevage. — La sélection contre la pébrine comprend : 1° l'estimation du degré de *corpusculosité* (pas indispensable) et 2° la *sélection proprement dite* après la ponte. Si la chambrée est jugée bonne pour le grainage en ce qui concerne la flacherie, on attend que les cocons soient formés. Lorsque les derniers vers ont monté, on prend, d'ici de là, un peu partout et sans choix, 150 à 200 cocons pour un élevage d'une once. On met ces cocons dans une étuve à une température comprise entre 30 et 35° pour hâter la formation des papillons, et on attend. Quand les premiers papillons sont sortis, on pile dans un mortier papillons et chrysalides. On les examine au microscope; si tous sont reconnus sains, ou si la proportion des sujets malades n'est pas trop élevée, les cocons pourront servir à la reproduction; si au contraire, le nombre de sujets malades est trop grand, qu'il outrepasse, par exemple, 20 o/o, le peu de graine saine, que l'on obtiendrait après avoir éliminé les pontes malades, coûteraient trop cher, il est préférable de livrer à la filature les cocons du lot.

L'estimation du degré de corpusculosité de l'élevage est la première partie des opérations de sélection contre la pébrine, la suite sera donnée plus loin.

4. Choix et arrangement des cocons pour le papillonnage. — Les cocons pour graines sont ensuite soumis à un *triage* dans le but d'éliminer tous ceux qui présentent quelque défectuosité de forme ou de structure, les doubles et ceux qui n'ont pas le caractère du type de la race. Les autres sont mis en *filanes* ou *chapelets*, c'est-à-dire réunis deux à deux, à la suite les uns des autres au moyen d'un fil passé dans l'épaisseur de la coque en évitant de toucher la chrysalide. Les *filanes* (ayant $0^m 75$ à 1 mètre de longueur) sont supendues dans une salle bien aérée, en attendant la sortie des papillons ou *papillonnage*.

5. Papillonnage et accouplement. — Le papillonnage dure plusieurs jours. Chaque jour, dans la matiné, on prend délicatement avec la main sur les filanes les *couples* déjà formés et on les met sur des cadres à fond en toile posés horizontalement. On cueille aussi les papillons non accouplés et ont les réunis sur d'autres cadres, où ils s'accoupleront. L'après-midi, on sépare les papillons : les mâles sont jetés (ou mis à part dans des boîtes pour un second ou un troisième accouplement), et les femelles placées sur des toiles (ordinairement suspendues verticalement) pour y pondre leurs œufs.

6. Ponte en cellules, ou grainage cellulaire de Pasteur. — Après l'accouplement, on peut disposer les papillons femelles de deux façons pour les faire pondre : 1° réunir en masse les femelles pondeuses sur une ou plusieurs grandes toiles (de 1 mètre carré de surface environ) ; 2° les faire pondre séparément chacun sur une *petite toile* (de 10 à 15 centimètres de longueur sur 8 à 10 de largeur), ou dans des *sachets* en mousseline claire ou en *papier* percés de nombreux petits trous pour les rendre suffisamment perméables à l'air. La graine ainsi préparée par ponte *isolées* s'appelle *graine cellulaire système Pasteur.* Dans ce système de grainage cellulaire Pasteur, quand tous les papillons ont pondu, on les pile un par un séparément, dans des mortiers, après avoir ajouté un peu d'eau. Ensuite, prenant une goutte de la bouillie de chaque papillon on fait une préparation qu'on examine au microscope à un grossissemement de 500 diamètres pour y rechercher les corpuscules, cause de la pébrine. Si dans la préparation on observe des corpuscules, le papillon était malade et la ponte est jugée mauvaise, car elle contient elle-même des œufs pébrinés, on la détruit.

Si, au contraire, la préparation est trouvée exempte de germes de la pébrine, la ponte est saine et sera conservée pour servir à l'élevage : les vers qui naîtront de cette ponte, seront tous sans exception exempts de la maladie.

7. **Ponte sur grandes toiles ou grainage industriel.** — Lorsque l'estimation du degré de corpusculosité d'un élevage n'a pas révélé au-delà de 10 pour 100 de sujets pébrinés et à plus forte raison si le

lot *est à zéro*, c'est-à-dire si l'on n'a trouvé aucun papillon corpusculeux dans l'échantillon examiné, la graine pourra être préparée *sur grandes toiles*. L'expérience a montré que lorsque la proportion de papillons corpusculeux était de 10 pour 100 au plus le nombre d'œufs malades dans les graines pondues par ces papillons ne dépassait pas 3 pour 100.

Une telle graine est encore bonne pour la production de cocons destinés à la filature, car la récolte ne sera pas diminuée sensiblement par la présence de cette faible proportion de sujets malades. Mais on ne pourrait compter utiliser ces cocons pour la reproduction, à cause de l'infection corpusculeuse qui s'y trouve généralement à un degré trop élevé.

C'est parce que la graine sur grandes toiles est employée uniquement pour *l'élevage industriel* (dont les cocons sont destinés à la filature) qu'on l'appelle aussi graine industrielle.

Théoriquement, la graine industrielle est inférieure à la graine cellulaire relativement à la pébrine, mais comme dans la pratique elle donne d'aussi bons résultats pour la production des cocons de filature et qu'elle coûte moins cher, on peut très bien la préférer pour les élevages ordinaires et généralement on la préfère.

8. **Lavage, séchage, vannage et mise en boîtes ou en sachets de la graine.** — On laisse rarement la graine adhérente aux toiles ou aux papiers, sur lesquels elle a été déposée par les papillons femelles. Ordinairement on la *détache*; la graine détachée

8

est plus facile à peser et à conserver, cela permet en outre de la débarasser, par des lavages, des poussières qui se déposent à la surface de la coque. Pour détacher les graines, on met tremper pendant quelques minutes dans l'eau, à la température ordinaire, les toiles ou les papiers sur lesquels elles sont collés. Le vernis s'amollit au contact de l'eau et en grattant avec la lame d'un couteau de table on peut facilement détacher les œufs. On les fait tomber dans l'eau d'un récipient et quand toutes sont détachés on les triture dans l'eau que l'on renouvelle jusqu'à ce qu'elle coulé parfaitement limpide.

Les œufs sont ensuite mis à sécher à l'ombre en les étendant sur des tables dans un local convenablement aëré.

Quand ils sont secs, on les soumet quelquefois à un vannage dans le but de les débarrasser des poussières et des matières étrangères légères, qui pourraient encore y être mêlées.

Après cette opération, on les enferme, par petites quantités de 25 ou 3o grammes, dans des sachets en mousseline ou des boîtes en carton perforées.

CHAPITRE VIII

MURIER

1. Avantages de sa culture. — La feuille du mûrier est le seul aliment qui convienne aux vers. Aucun des autres végétaux, tels que Maclure, Cudrania, Brunssonétier, Ramie, Scorsonère, etc..., avec lesquels on a essayé de les nourrir, n'a donné de résultats entièrement satisfaisants daus la pratique.

On ne voit, d'ailleurs, pas pourquoi chercher à substituer au mûrier d'autres plantes pour la nourriture des vers : en effet, cet arbre est des plus rustiques, facile à multiplier, poussant rapidement, s'accommodant des sols les plus ingrats, résistant à des froids de plus de 20°c au-dessous de zéro, supportant bien l'effeuillage et la taille répétés, produisant en abondance une feuille commode à récolter, feuille qui n'est attaquée par aucun autre insecte que les vers à soie et peut être conservée facilement plusieurs jours sans flétrir. Cette feuille cons-

Fig. 21. — Mûrier blanc. — A B, portion de rameau d'un an. —
a b, pousse de l'année portant quatre inflorescences mâles, —
c c, chatons à fleurs non épanouies. — d d, chatons dont les
fleurs sont épanouies. — s s, ..., stipules

titue, en outre, un excellent fourrage pour les vaches, moutons, chèvres, etc... Aucun autre végétal ne présente un tel ensemble de conditions avantageuses; et l'on peut dire que le mûrier est aussi supérieur aux plantes par lesquelles on a tenté, à différentes reprises, de le remplacer dans l'élevage des vers, que le B. mori l'est aux autres espèces de *Bombyx*.

2. **Caractères du genre mûrier.** — Le mûrier appartient à la famille des *Urticacées* (Ulmacées de quelques auteurs) et, dans cette famille, à la série ou tribu des *Morées*. Cette tribu est caractérisée par les fleurs unisexuées et le *suc laiteux* chez les plantes qui la composent. Elle comprend, avec le mûrier, le Brunssonétier ou *mûrier à papier*, le maclure ou *mûrier des osages*, etc...

Le *genre mûrier* est caractérisé par des fleurs mâles et des fleurs femelles, disposées en forme d'*épis* : les épis mâles *allongés* (en châtons) (fig. 21); les femelles cylindriques *courts* subsphériques ou ovoïdes (fig. 22).

Tantôt les deux sortes de fleurs sont réunies sur le même pied et on a, dans ce cas, des sujets *monoïques*; tantôt elles sont sur des pieds différents et alors les arbres sont dits *dioïques*.) Sur les mûriers monoïques les châtons femelles donnent des mûres; sur les mûriers dioïques les arbres à châtons femelles donnent des fruits, les autres sont *stériles*.

Les fleurs mâles sont formées d'un réceptacle portant un calice à 4 divisions, quatre étamines (organes mâles) superposées aux pièces du calice; elles n'ont

pas d'ovaire et tombent bientôt après la floraison.
Les fleurs femelles ont un calice à 4 sépales, un
ovaire (organe femelle) et pas d'étamines. Les sépales des fleurs femelles persistent, deviennent épais,
charnus et donnent, avec l'ovaire qu'elles entou-

Fig. 22. — Mûrier blanc. — Inflorescences femelles. — A B, rameau d'un an. — *a b*, pousse nouvelle de l'année avec cinq
inflorescences femelles, f, f, f, f, f, qui donneront naissance
à des *mûres*. — s s, ..., stipules de la base des feuilles.

rent, une petite drupe renfermant une seule graine subglobuleuse. Les drupes d'un même épi, étroitement rapprochées, constituent le fruit composé, mameloné, charnu, qu'on appelle *mûre*.

3. **Espèces de mûriers.** — Les botanistes distinguent cinq espèces de mûriers : le *mûrier noir*, le *mûrier blanc*, le *mûrier rouge*, le *mûrier celtidifolia*, le *mûrier insignis*. Les trois dernières espèces sont originaires de l'Amérique.

Le *mûrier noir* et le *mûrier blanc* sont seuls employés pour l'alimentation des vers.

Le mûrier noir est le plus anciennement connu en Europe. Avant l'introduction du mûrier blanc, ou sa propagation dans les cultures des contrées occidentales, on se servit de son feuillage pour nourrir les vers. Aujourd'hui, excepté dans quelques rares pays, la feuille du mûrier blanc est seule employée.

Le mûrier noir se distingue du mûrier blanc par ses pousses courtes, grosses, velues ; ses feuilles fermes, épaisses, rudes au toucher dessus et dessous, d'un vert foncé sombre à la face supérieure, glauque à la face inférieure, portées sur un pétiole court, gros, *cylindrique*. Les épis femelles sont sessiles ; ils donnent naissance à une *mûre* grosse, *noire* à maturité, *sucrée*, *acidulée* agréable au goût.

Le *mûrier blanc* est originaire de la Chine et de l'Inde. Il est passé en Europe en même temps que le ver à soie, au vi^e siècle (552 après J. C.) Il fut importé d'Italie en France : en Provence, au xiiie siècle probablement ; en Dauphiné, au xve siècle (1495), d'après Olivier de Serres.

La croissance de ce mûrier est plus rapide que celle du mûrier noir. Sa végétation est plus précoce et ses feuilles plus fines, plus légères, plus digestibles, conviennent mieux aux vers. La précocité de sa végétation l'expose un peu plus aux gelées tardives, mais c'est là un léger inconvénient qui ne doit pas empêcher de lui donner la préférence, en vue de l'élevage des vers, sur le mûrier noir.

4. **Variétés du mûrier blanc.** — Les variétés du mûrier blanc sont nombreuses : on en compte 16. Il y a en outre beaucoup de sous-variétés ou de formes secondaires. Les arbres cultivés pour l'alimentation des vers appartiennent aux variétés suivantes : *mûrier ordinaire (vulgaris)* et mûrier à larges feuilles *(latifolia)*. On trouve aussi quelques plantations de mûrier d'Italie *(italica)* à aubier rouge, et de mûrier de Constantinople *(constantinopolitana)* à feuilles très rapprochées sur le rameau, mais ce sont là des exceptions.

Le mûrier le plus répandu est le mûrier commun ou vulgaire *(vulgaris)* ; il comprend diverses formes. Les principales sont :

1° Le *mûrier sauvageon* à petites feuilles *(tenuifolia)* ; venu de semis, non greffé. Sa feuille est petite, lobée ou non, fine, nutritive, digestible. C'est la meilleure.

2° Le *mûrier rose*, à fruit blanc, rouge ou noir.

3° Le *mûrier Colombasse* à fruit de couleur cendrée ou bleuâtre.

4° Le *mûrier Colombassette* à fruit jaune.

Ces trois sous-variétés se valent ; leurs feuilles sont

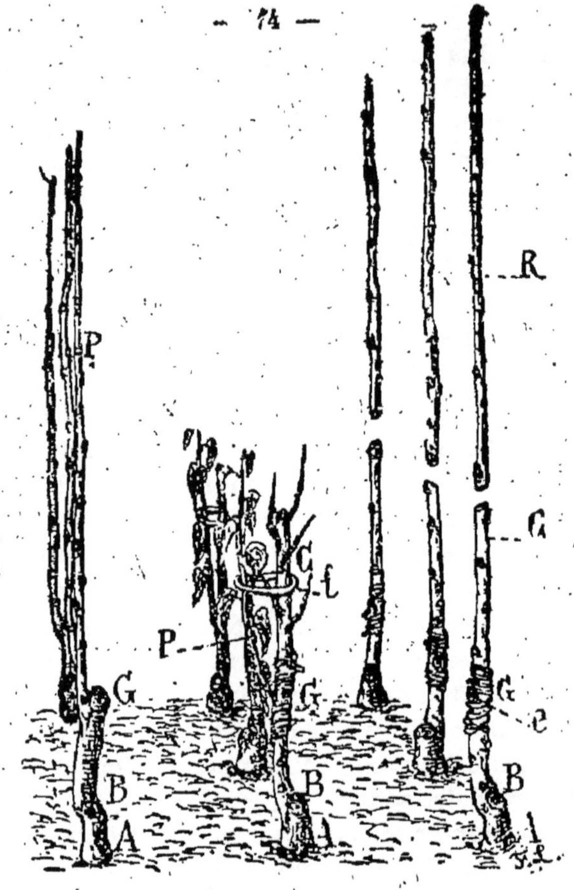

Fig. 24. — Greffage à l'écusson de jeunes mûriers, au printemps de la douxième année de séjour en pépinière d'attente. — A B, pourette recépée l'année précédente au moment de la transplantation. — B R, pousse réservée sur le tronçon A B et greffée en G. Après le greffage, la pousse, ou jeune tige, B R est coupée à 10 centimètres au-dessus de la greffe. La portion conservée, C, servira plus tard de tuteur à la pousse P, de l'écusson; — l, lien d'attache de la pousse, P, au chicot C. L'hiver suivant on retranche le chicot, par une section oblique, au niveau de la greffe.

luisantes, à tissu ferme. Ce sont les meilleures après celles du mûrier sauvageon ou mûrier non greffé.

5° Le *mûrier romain* à feuilles semblables à celles des sous-variétés précédentes, mais plus grandes et moins digestibles. Son fruit est gris-rosé ou lilas. Il faut réserver cette variété pour les climats secs et les sols légers.

6° Le *mûrier à feuilles d'oranger* stérile, sous-variété italienne ne fleurissant pas, est des plus estimé en Italie. Ses feuilles sont allongées, très luisantes à la face supérieure et d'un beau vert clair.

Ces sous-variétés du mûrier commun se multiplient par la greffe.

Nous signalerons aussi les variétés suivantes :

Le mûrier à *grandes feuilles* ou *Moretti* (macrophylla).

Le mûrier à *larges feuilles* ou *multicaule* (latifolia).

Ces deux variétés sont à végétation très précoce et, par suite, très exposées aux gelées printanières. Leurs feuilles sont très grandes, celles du multicaule sont bosselées, cloquées, comme gauffrées en dessus et bombées. Le principal avantage de ces deux mûriers est de reprendre facilement de bouture. Le mûrier *lou* ou *lhou* est une forme du mûrier multicaule.

5. Multiplication. — On multiplie le mûrier par *graines* et par fragmentation *(marcotte, bouture, greffe)*. La multiplication par graines est préférable. C'est le procédé naturel de multiplication ou propagation.

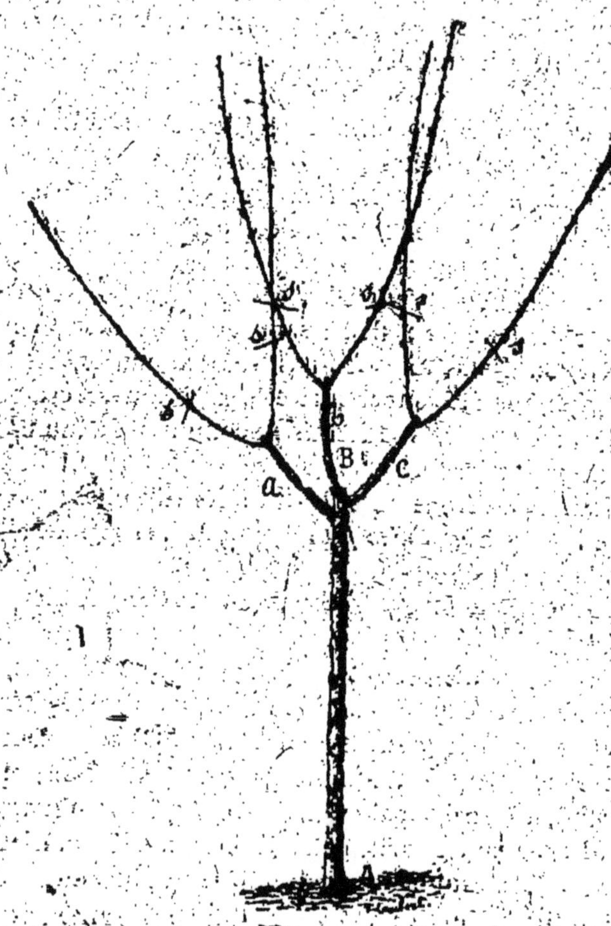

Fig. 25. — Jeune mûrier vers la fin de la deuxième année de formation de la couronne de l'arbre. — A B, tige ou tronc. — a b c, maîtresses branches de 1er ordre (0m30 à 0m35 de longueur). A leur extrémité, les deux bourgeons conservés sont devenus des rameaux qu'on a raccourcis en s, à 30 ou 35 centimètres de leur base.

Le succès de la *propagation par graines* dépend de la qualité des graines, de la façon du semis et des soins aux jeunes plants en pépinière. Les graines doivent être capables de germer (âgées de 2 ans au plus).

Pour savoir si elles sont capables de germer, on fait un essai de *germination*. Elles doivent provenir d'arbres ni trop jeunes ni trop vieux (âgés de 10 à 30 ans).

On *sème* au printemps, rarement à l'automne, en lignes espacées de 15 à 25 centimètres, à raison de 2 à 3 grammes par mètre carré. On recouvre de 2 à 3 centimètres de terre fine ou de terreau et on arrose. La levée a lieu 15 à 20 jours après l'ensemencement.

Les soins aux jeunes plants (*pourette*) consistent en *binages* (à la main), *éclaircissage* (quand les plants ont 5 feuilles), de manière qu'il existe 15 centimètres au moins de vide entre les plants sur les lignes, et *arrosages*.

L'année suivante, en mars, on *repique* la *pourette* à o m. 50 en tous sens (fig. 23) ou à 50 centimètres sur lignes distantes de 1 mètre, en terrain meuble et fumé.

Après la plantation, on coupe les tiges sur 2 ou 3 yeux au-dessous du collet.

Quand les 2 ou 3 yeux conservés ont 4 à 5 centimètres de longueur, on conserve le plus près du sol et on retranche les autres (fig. 23). L'année après, au printemps, on greffe à l'écusson (fig. 24) ou en flûte là où on doit greffer, ou on recèpe de nouveau sur 2 ou

3 yeux si les plants doivent demeurer francs de pied
pour donner des *sauvageons*.

On peut aussi multiplier le mûrier par *boutures*.
Les variétés qui se prêtent le mieux à ce mode de
multiplication sont le multicaule, le lou et le mo-

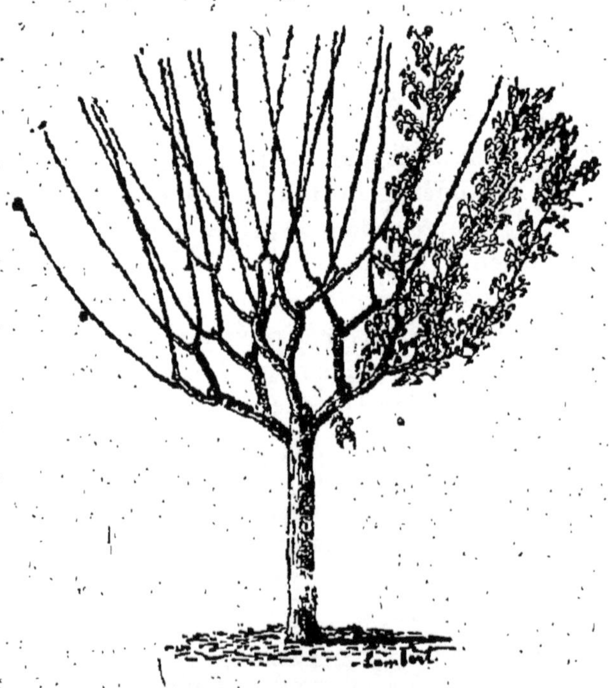

Fig. 26. — Jeune mûrier au printemps de la cinquième année
de formation de la tête. — Cet arbre est pourvu de trois séries
de branches charpentières. Sur les branches de la troisième
série, on a laissé se développer 2 bourgeons terminaux dont
on utilisera les feuilles pour la nourriture des vers.

retti. Ce mode de multiplication n'est guère employé pour les autres mûriers.

Le marcottage convient à toutes les variétés. Il peut être utilement employé pour la formation d'arbres de basse et de moyenne tige.

6. **Plantation et formation de l'arbre.** — Quand le jeune plant a acquis, en pépinière, une hauteur et une grosseur convenables (4 à 5 centimètres de diamètre à 1 m. du sol pour le *plein vent*), on le déplante, puis on le replante à demeure.

Le terrain doit avoir été préalablement défoncé à o m. 65 de profondeur. On fait le défoncement *total*, ou le défoncement *partiel* par *bandes* ou par *trous*. On défonce totalement (ou en *plein*) pour les plantations en *basses-tiges* (nains), par *bandes* pour les *mi-tiges* (mi-vent) et par *trous* pour les *hautes-tiges* (plein vent). Les dimensions des trous dépendent de l'étendue du système radiculaire. La profondeur et la largeur doivent être au moins égales au double de l'étendue des racines. Dans la pratique, on donne comme dimensions aux fosses 1 m. à 2 m. de côté sur 35 centim. à 1 m. de profondeur. La préparation du terrain doit être faite au moins un mois avant la plantation.

Avant de le mettre en place, on prépare le plant par *l'habillage* et le *pralinage* des racines et on coupe la tige à la hauteur convenable (o m. 50 pour les *nains*, o m. 70 pour les *mi-vents* ou *mi-tige*, 1 m. 50 à 2 m. pour les *plein-vents* ou *haute-tige*).

Quant à la disposition de la plantation, elle se fait en *massifs*, *allées* et *bordures* ou *cordons*.

Distances des Arbres

Arbres	DISPOSITIONS		
	MASSIF OU VERGER	ALLÉES	BORDURE OU CORDON
Hautes tiges.	5 à 10 mètres en tous sens	10 à 12 mètres sur la ligne	10 à 12 mètres sur la ligne
Mi-tiges......	2 à 4 mètres	2 à 4 mètres	2 à 4 mètres
Nains.........	0,50 à 1 mètre	0,90 à 2 mètres	0,30 à 2 mètres

Taillis et Prairies

Taillis ...	2m en tous sens, en massif. 1m sur 3, en allées et bordure.
Prairies..	0 m. 05 à 0 m. 30.

7. Taille. Culture d'entretien. — Au sommet de la tige, on établit la *tête* ou *couronne* de l'arbre à laquelle on donne diverses formes.

La *forme* la plus commune et la meilleure est celle d'un cône renversé, évidé dans le milieu, appelée *vase* ou *gobelet*, avec trois maîtresses branches (de 3o à 35 centim.) inclinées à 45° sur l'horizon. Au sommet de ces trois branches, on réserve 2 bourgeons qu'on raccourcit l'année suivante à 3o centimètres de leur base ; ces six rameaux forment les branches charpentières de 2e ordre. On fait bifurquer de même les branches de 2e ordre, et on a 12 maîtresses branches de 3e ordre et ainsi de suite: c'est la *taille de formation de la tête* (fig. 25 et 26).

Ordinairement, quand le jeune mûrier est pourvu de ses mères-branches de 2e ordre, on commence à utiliser ses feuilles et à le soumettre à la *taille de production*. Cette dernière varie suivant les pays. Dans le *Languedoc*, on conserve à l'extrémité de chaque branche terminale de charpente un crochet ou tronçon de rameau de 15 à 30 centimètres de longueur (*prolonge*) et on retranche toutes les autres pousses à leur insertion sur les branches mères (fig. 27). Ordinairement, cette taille est exécutée en été après la cueillette, et répétée chaque année. Dans le *Vivarais*, on conserve au sommet des branches principales un *crochet\terminal* ou de *prolongement* et,

Fig. 28. — Mûrier avec tête formée de trois branches, taillé en *têtard* (après la taille).

en plus, le long de ces branches charpentières, un certain nombre de *crochets latéraux*. Dans le *Haut-Dauphiné*, le *Levant*, certaines provinces de l'*Italie*, on taille en *tête de saule*, c'est-à-dire qu'on retranche toutes les pousses sur leur empattement (fig. 28 et 29). Cette taille, dans le Dauphiné, est exécutée en automne ou après l'hiver, en mars, et répétée toutes les 4 ou 5 années. Dans le Levant, on la fait en été, après la cueillette et on la répète chaque année. La taille ainsi pratiquée annuellement est la plus épui-

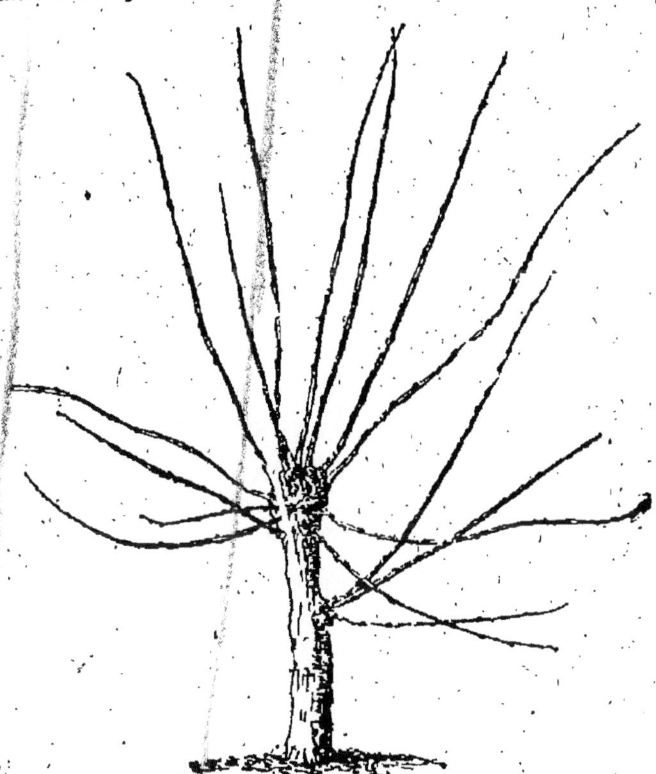

Fig. 29. — Mûrier réduit à sa tige, taillé en *têtard* (un an après la taille).

sante pour l'arbre. On se sert, pour exécuter cette opération, de la *serpe*, du *sécateur* et de la scie à main ou *égohine*.

leur production diminue, on coupe les branches de charpente à la moitié ou aux deux tiers de leur longueur à partir de leur base : c'est la taille de *renouvellement* ou de rajeunissement (fig. 3o). Ensuite, on rétablit la couronne comme pour les jeunes arbres.

Le sol doit être entretenu propre et meuble, sous les arbres, au moyen de deux *labours* (un au printemps au début de la végétation, l'autre en été après la récolte des feuilles) ; on fait alterner ces labours avec une ou deux façons superficielles (*binages*).

Il faut aussi *fumer* les mûriers pour soutenir leur production le plus longtemps possible. Un arbre produisant une récolte de 55 kilog. de feuille et 29 à 3o kilog. de bois, enlève au sol 846 grammes d'azote, 198 grammes d'acide phosphorique, 373 grammes de potasse et 718 grammes de chaux, qu'il faut lui rendre afin de conserver sa fertilité. Pour restituer au sol les 846 grammes d'azote enlevé par un mûrier, il faudrait environ 18o kilog. de fumier. Dans la pratique on fume à raison de 1oo à 15o kilog. par *pied de haute tige* tous les trois ans. Aujourd'hui, on commence à associer les engrais chimiques à celui de ferme pour la fumure des mûriers. On fait usage des *nitrates* (nitrate de soude) ou du *sulfate d'ammoniaque* pour l'azote; des *phosphates* (superphosphates, phosphates de déphosphoration, phosphates tribasiques) pour l'acide phosphorique; du *chlorure de potassium*, du *sulfate de potasse* ou de la *kaïnite*, pour la potasse; du *plâtre* ou de la *chaux* pour le calcaire.

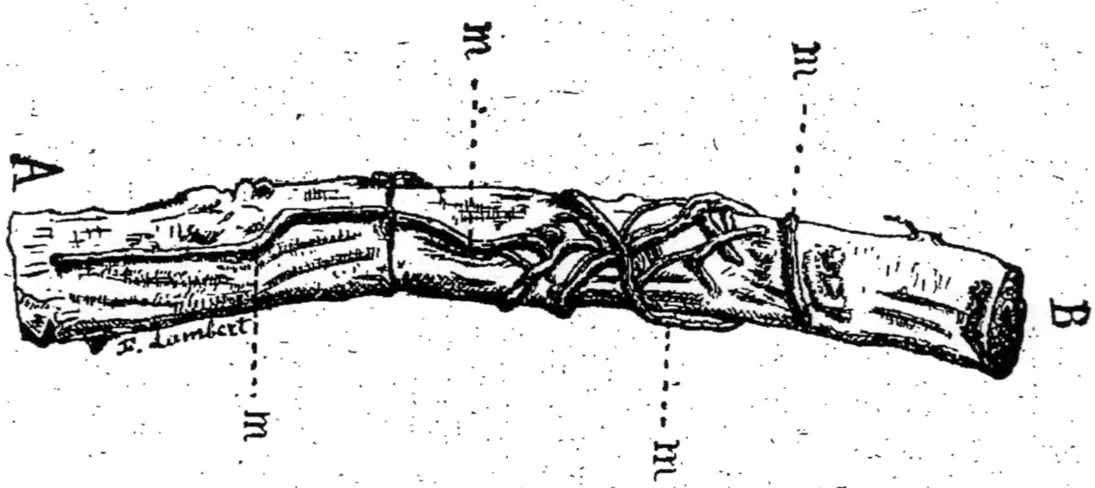

Fig. 31. — *Pourridié des racines*

Portion d'une racine de mûrier entourée de mycélium en forme de cordon (*rhizomorphe*).
m.m, ..., de l'agaric de miel (*agaricus melleus*).

Un pépiniériste italien, M. Trentin, conseille une fumure à raison de 40 à 50.000 kilog. de fumier chaque quatre ans, alternant avec les doses suivantes d'engrais chimiques par arbre (de *haute-tige*):

Superphosphate de chaux.	0 k. 400 à 1 k. 200
Sulfate de potasse........	0 k. 200 à 1 k.
Nitrate de soude..........	0 k. 100 à 0 k. 250
Plâtre	1 k. à 1 k. 500

Dans les terrains acides, on remplacera le super-phosphate de chaux par du phosphate de déphosphoration ou par du phosphate ordinaire tribasique.

8. Maladies et altérations. — Les mûriers sont attaqués par divers parasites végétaux et animaux et des maladies qui les font dépérir plus ou moins rapidement.

La plus grave des maladies dues à des parasites végétaux est le *pourridié* ou *maladie des racines*. Les arbres plantés dans les terrains humides à sous-sol imperméable sont plus souvent atteints. Elle est causée par des champignons parasites : *Agaricus melleus*, *Rosellinia aquila*, et *Dématophara necatrix*. Le pourridié dû à *l'agaric de miel* est le plus commun (fig. 31). Il n'y a pas de remède à cette maladie : un arbre attaqué est un arbre perdu. La maladie se propage de proche en proche d'un mûrier à l'autre par les racines. Donc, il faut chercher à circonscrire le mal. On arrache l'arbre ou les arbres malades, on extrait les racines et on les brûle, on soumet à l'écobuage la terre extraite ou on y injecte du sul-

plants. On fera donc bien avant de mettre en place
les jeunes mûriers de plonger leurs racines dans
une solution désinfectante : de la *bouillie bordelaise*
à 5o o/o ou une solution de sulfate de cuivre ou
de fer, par exemple.

Au Japon et dans le nord de l'Italie, les mûriers
sont attaqués par une cochenille, le *pou du mûrier*
ou *Diaspis pentagona* (de l'ordre des hémiptères,
comme le phylloxera) qui envahit le système aérien.
Tige, branches, rameaux sont couverts par place,
d'une *croute grisâtre* formée de petites *écailles* (un
millimètre de diamètre), sous lesquelles les insectes
femelles se trouvent dissimulés et de petites *coques*
blanches en forme d'étui où sont logés les *Diaspis
mâles*. Ces insectes se nourrissent du suc du mûrier
qu'ils puisent à travers l'écorce dans les tissus vi-
vants au moyen de leur bec. On les détruit par le
grattage, le flambage, les solutions insecticides em-
ployées contre les cochenilles. Parmi ces dernières,
la suivante est l'une des plus simples ; elle se compose de :

Huile lourde de goudron (densité 1.052).....	0.900
Carbonate de soude anhydre (soude Solway).	0.450
Eau	10.000

On commence par faire fondre le carbonate de
soude dans de l'eau ; puis on verse l'huile de goudron dans la solution en agitant celle-ci continuellement.

Les mûriers sont aussi fréquemment atteints par
de la *carie* du tronc ou des branches (fig. 32). Malgré

cette altération, l'arbre peut vivre longtemps. Les causes de la carie sont : infiltrations d'eau de pluie, champignons polypores, (l'*amadouvier*, notamment).

Nous signalerons aussi la *rouille des feuilles* déterminée par un champignon microscopique, le *septisporia mori*, et une altération de nature microbienne, la *brunissure des rameaux et des feuilles* causée par le *Bacterium mori*.

DEUXIÈME PARTIE

—

Vers à soie sauvages

—

Les *vers à soie sauvages* sont moins intéressants que le *ver à soie commun du mûrier*, auxquels ils sont inférieurs par le cocon difficile à dévider ou même indévidable, la soie moins appréciée et d'un prix moins élevé, l'élevage et les procédés de reproduction plus compliqués.; les plantes nourricières généralement moins avantageuses que le mûrier sous le rapport cultural. Ces infériorités font obstacle à la propagation des espèces dont il s'agit, en dehors de leur pays d'origine et de quelques autres contrées s'en rapprochant par le climat, le bas prix et l'abondance de la main-d'œuvre. Malgré cela, la part de ces espèces dans le poids total des soies produites annuellement dans e monde n'est pas négligeable et la culture pourrait en être entreprise, non sans avantage, en Afrique, en Amérique et même en Europe. Elles y sont d'ailleurs déjà l'objet d'élevages plus ou moins importants de la part d'un certain nombre d'amateurs et même de cultivateurs.

CHAPITRE PREMIER

HISTOIRE NATURELLE ET MALADIES

1. **Histoire Naturelle.** — Ce qui a été dit dans la première partie sur le développement, l'anatomie et la physiologie du ver commun du mûrier convient, en général, pour les espèces sauvages. Avec cette différence que chez ces dernières : 1° Les *œufs* sont plus gros et à couleur non changeante après la fécondation; 2° Les *larves* également de taille plus grande, ornées de *tubercules* chargés de poils plus ou moins longs; 3° Les *cocons* indévidables ou à dévidage moins facile et la soie qu'on en tire plus grossière; 4° Les *papillons* de taille plus grande, de couleur variée, à ailes ornées de taches circulaires ou en forme de croissants. Il y a aussi des diversités dans la durée des phases de formation de la larve dans l'œuf et de son développement hors de l'œuf; de sa transformation en chrysalide et de celle-ci en

papillon; de la *formation du cocon;* du nombre des œufs pondus par le papillon, etc...

Enfin, ces espèces se distinguent du ver du mûrier

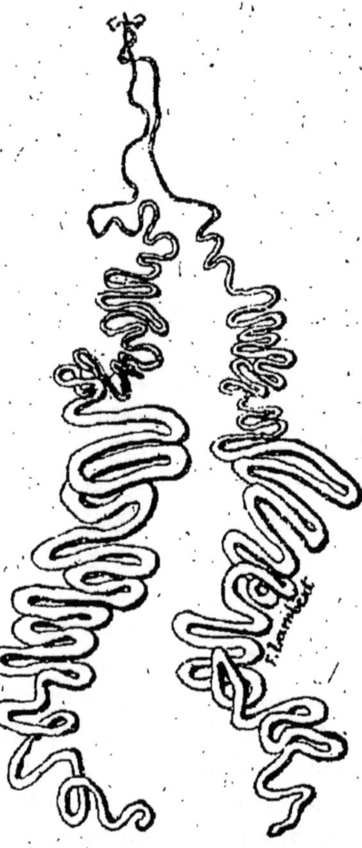

Fig. 33. — Glandes de la soie de ver sauvage (*B. pernyi*) (dessin, partie schématique).

par l'*humeur vagabonde*. Tandis que les vers du mûrier demeurent tranquillement sur les claies d'élevage, où ils sont soignés et nourris, sans jamais chercher à les quitter, et que les *papillons* de cette espèce restent, sans s'envoler, sur les filanes des cocons d'où ils sont sortis ou sur les toiles où on les place pour les faire pondre, les vers des espèces sauvages, surtout à la naissance, à la sortie des mues ou lorsqu'ils manquent de nourriture fraîche ou que les conditions d'élevage sont défectueuses, éprouvent comme un besoin de quitter leurs supports, de s'en éloigner. Il en est de même des papillons; ils s'envolent et cherchent à fuir. Cette tendance des larves à changer de place et à se disperser et des papillons à s'envoler au loin est une difficulté; elle nécessite des méthodes spéciales d'élevage, des procédés particuliers de grainage.

Les *besoins physiologiques* de l'œuf, de la larve, de la chrysalide et du papillon, les soins hygiéniques nécessaires aux vers pour les conserver en bon état de santé, sont d'ailleurs absolument les mêmes. Nous ne reviendrons donc pas sur ces exigences, ni sur les indications hygiéniques données dans la première partie à propos du ver du mûrier.

2. **Maladies.** — Les vers sauvages sont aussi exposés aux mêmes maladies : la *muscardine*, la *pébrine*, la *flacherie* et la *grasserie* peuvent les atteindre et les faire périr. Toutefois, il est rare, probablement à cause du système de culture moins favorable à leur propagation et grâce aussi à la moindre extension et importance des élevages,

qu'elles se manifestent avec la même intensité et prennent le même caractère de gravité et de généralité. Aussi, jusqu'à présent, la nécessité de la désinfection préventive contre la *muscardine* et l'emploi de procédés de sélection microscopiques des pontes contre la *pébrine*, ne se sont-il pas fait sentir et ces précautions n'ont encore jamais été appliquées régulièrement pour combattre les maladies chez les vers autres que le B. mori.

Cependant, parmi ces maladies, il en est une, la *flacherie*, dont les éleveurs se plaignent, et qui fait dans les élevages, de nombreuses victimes au dernier âge. En dehors des circonstances ordinaires, pouvant prédisposer les vers à la contracter, et dont il a été parlé dans la première partie, cette maladie peut être provoquée, chez les espèces sauvages, par la négligence dans le renouvellement de l'eau des vases contenant les rameaux, ou l'élevage en des locaux trop fermés où l'air se trouve confiné et chargé d'humidité. L'air confiné et humide est toujours funeste à ces animaux. C'est l'une des raisons pour lesquelles on les porte le plus tôt possible dans les plantations où ils continueront à vivre sur branches en plein air. Quant à l'eau des vases, elle devrait être renouvelée quotidiennement ou tout au moins tous les deux jours. Un moyen de retarder la corruption du liquide est de mettre dans les récipients des fragments de charbon.

3. Accidents atmosphériques. Animaux destructeurs. — Si les vers sont mieux à l'abri des maladies, notamment de la flacherie, au dehors qu'à l'intérieur d'une magnanerie, ils y sont, par contre, exposés à des ennemis d'un autre ordre : 1° les *accidents atmosphériques* (variations de température, pluies d'orage, grêle); 2° les *animaux destructeurs*. De ces deux sortes d'ennemis, les plus dangereux sont les animaux destructeurs : arachnides, insectes, reptiles, oiseaux, mammifères. Citons, parmi les insectes : des *coléoptères* (calosomes (1), coccinelles, forficules); des *hyménoptères* (fourmis, chalcidites); un *névroptère* (la panorpe, ou *mouche-scorpion*); dans les *hémiptères* (la punaise); dans les *reptiles*, les lézards; parmi les *oiseaux* : la fauvette, le merle, le loriot, le coucou, les becfins, les mésanges; dans les *mammifères* : les souris, les rats, la chauve-souris. Les *araignées* et les *fourmis* sont particulièrement dangereuses dans les premiers âges, quand les vers sont encore petits. Les *panorpes* attaquent le ver dans le cocon, peu après sa transformation en chrysalide (d'après une observation de Givelet). Au Japon, la larve d'un hyménoptère de la famille des Chalcites, appartenant au genre *Eupelmus*, vit en parasite à l'intérieur des œufs du *Yama-maï*. Les *guêpes* sont dangereuses pour les élevages estivaux. Les *lézards*, les *oiseaux*, les *souris*, les *rats* et les *chauve-souris* sont à craindre à tous les âges.

---

(1) Lesquels peuvent aussi faire des ravages parmi les vers du mûrier, lorsqu'on transporte accidentellement avec les branchages dans la magnanerie, comme cela s'est produit ces dernières années en Turquie.

Contre les fourmis, on agit préventivement en répandant autour des récipients d'élevage, ou au pied des arbres, de la sciure de bois imprégnée de coaltar; en entourant les tiges et branches principales des arbres, de crin, chanvre ou paille imbibés de la même solution. — *Les araignées sont chassées* au moyen de fumigations à l'acide sulfureux sous les arbres avant d'y installer les vers. On fait la *guerre aux guêpes* au moyen de pièges (vases contenant de l'eau miellée) ou par la destruction des nids. M. Givelet conseille, pour éviter l'attaque des Panorpes, la récolte hâtive des cocons (dès le 5ᵉ jour après qu'ils ont été commencés).

D'autres moyens de défense sont applicables contre tous les insectes, ce sont : la destruction autour des arbres des plantes étrangères, l'enlèvement de toute matière pouvant leur servir d'abri, le binage du sol qui dérange la ponte, détruit les œufs en les exposant à l'air et au soleil, l'entretien de poules dans les taillis.

Contre les oiseaux, on emploie les pièges, les épouvantails, la chasse au fusil, et quelquefois aussi, lorsqu'il s'agit d'un tout petit élevage, les filets. On estime qu'un gardien peut surveiller un hectare de terrain, au moins.

CHAPITRE II

MÉTHODES GÉNÉRALES D'ÉLEVAGES

1. **Conservation des œufs chez les espèces qui hivernent à l'état d'œuf et des cocons chez celles qui passent l'hiver à l'état de chrysalide.** — La règle pour la conservation des œufs, chez les espèces qui hivernent à l'état d'œufs, repose sur les mêmes principes que pour les graines du *B. mori.* On les détache des toiles, sur lesquelles ils ont été déposés par les papillons femelles et où ils adhèrent plus ou moins fortement, en se servant d'un couteau de table à lame peu tranchante ou d'un *grattoir* en bois, en forme de couteau, dont on insère le bord affilé entre les graines et la toile. Les œufs tombent et on les recueille dans des boîtes perforées ou des sachets en mousseline claire. Généralement, on les enferme sans les laver. Cependant, en cas de maladies contagieuses dans l'élevage précédent, on fera bien de les soumettre à un lavage

énergique pour débarrasser leur surface des germes pouvant y être attachés avec les poussières.

Il faut les placer en couche assez peu épaisse, un *demi-centimètre au plus*, pour que l'air puisse traverser la masse sans difficulté et se renouveler autour de chaque graine. Les boîtes ou les sachets doivent être placés dans un local non chauffé, sec et aéré. On les y laisse jusqu'au moment où les

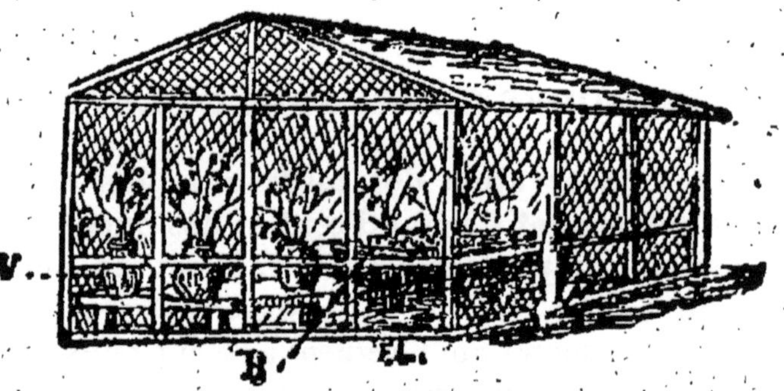

Fig. 34. — Magnanerie de vers sauvages, avec parois à claire-voie. — V, vase avec branches coupées chargées de vers. — B, baquet avec couvercle perforé. Dans les trous sont piqués des rameaux allant plonger par le pied dans l'eau du baquet placé au-dessous.

plantes nourricières poussent et développent leurs premières feuilles au printemps.

Les mêmes précautions doivent être prises pour la conservation des cocons, lorsqu'il s'agit d'espèces hivernant à l'état de chrysalide.

Dans ce cas, les cocons sont disposés en *filanes* ou *chapelets*, et celles-ci enfermées dans des *cages* ou *armoires* à parois en toile métallique ou en *tarla-tane*, dans lesquelles on les suspend Les cages ou armoires sont elles-mêmes placées en un local *frais, sec* et *bien aéré.*

2. **Incubation et levée des vers à l'éclosion. Préparation du papillonnage, si l'hivernation a lieu à l'état de chrysalide.** — Quand le moment est venu de mettre à éclore, on retire les graines de la chambre de conservation et on les expose à la *température ordinaire* de *l'air au dehors* ou, suivant le procédé le plus habituellement employé, dans un local orienté au midi, et on attend que l'éclosion se produise.

Chaque matin, on ouvre les boîtes, ou l'on vérifie les sachets, afin de surveiller les naissances. Dès la sortie des premiers vers, on prend les dispositions nécessaires pour récolter les jeunes larves.

La *levée* ne se fait pas comme pour les vers communs du mûrier. Plus exactement, il n'y a pas de levée proprement dite. Les œufs sont placés, pour l'incubation, dans des boîtes à bord peu élevé (o"oo5), sur le fond desquelles les graines sont étendues de manière à ne pas être accumulées. Au lieu de boîtes, on peut se servir de carrés de papier dont on relève légèrement les bords. On peut aussi, comme au Japon, étendre les œufs sur des *tablettes* rectangulaires ayant 40 centimètres de longueur sur 10 de largeur, élevées sur 4 pieds et pouvant contenir de 15.000 à 25 000 graines, suivant la race.

Quels que soient les supports adoptés, quand les premières éclosions se produisent, on dispose les récipients au milieu des branches, piquées dans des vases et destinées à recevoir les vers, de façon à mettre ceux-ci et les œufs en contact avec la feuille d'une ou de plusieurs ramifications par l'intermédiaire desquelles les jeunes larves passeront sur les ra-

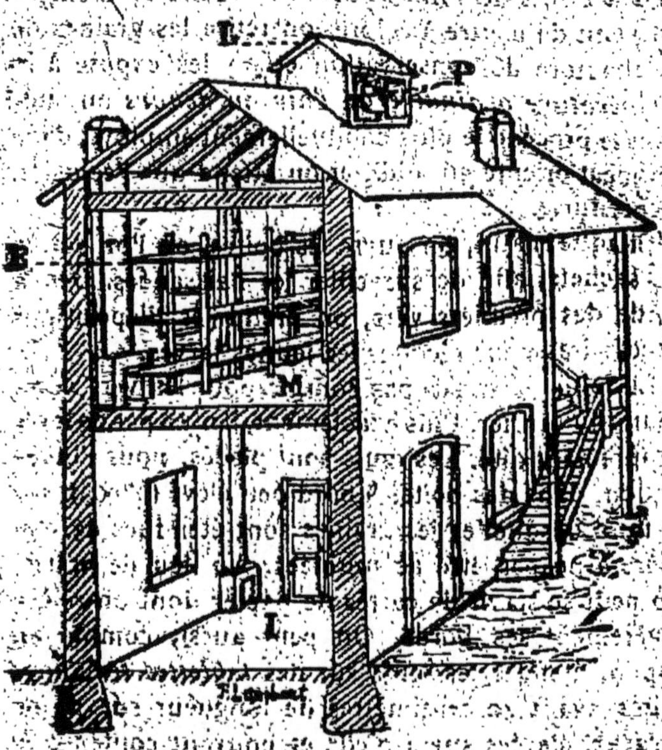

Fig. 25. — Magnanerie pour vers à soie, commune du mûrier. — L, chambre d'incubation des graines. — M, magnanerie. — E, étagère de cinq claies d'élevage pour recevoir les vers. Trois claies sont figurées. — A, lanterneau d'aération. — P, volets d'un des côtés du lanterneau.

meaux et s'y dissémineront. La *levée* consiste donc
à faciliter le *passage des vers de la boîte d'éclosion*
sur les *branches* destinées à les recevoir. Si l'on fait
usage de *tablettes japonaises*, il suffit de poser celles-ci au-dessous des branchages, de manière que
quelques-uns d'entre eux arrivent à toucher les œufs
ou le bord des tablettes.

Pour *l'éclosion au dehors* sur les arbres, les boîtes
ou soucoupes d'éclosion sont *en bois*, et attachées
aux branches des végétaux. Le fond de ces boîtes est
percé de trous pour l'écoulement de l'eau de pluie.
La partie du bois réservée pour l'éclosion (dans ce
système d'*éclosion en plein air*) est appelée *taillis
d'éclosion*. Le *taillis d'éclosion* doit être *entouré
d'un filet* ou d'une toile métallique pour le défendre
contre la violence du vent qui, en agitant les branches, pourrait faire tomber les œufs par terre. Un
autre moyen de prévenir cet accident consiste à
coller les graines avec un peu de gomme liquide,
étendue sur le fond des boîtes avant d'y mettre les
œufs. Dans ce cas, les treillis ou le filet ne sont plus
nécessaires. Avant d'attacher les boîtes d'éclosion
aux branches, il faut chasser des arbres les animaux
nuisibles qui pourraient s'y trouver : *araignées et
fourmis*. On chasse les araignées en soumettant les
arbres à des fumigations d'acide sulfureux; pour
cela, on promène sous la feuillée une soucoupe
dans laquelle on fait brûler une pincée de soufre sur
des charbons incandescents. On peut aussi mêler au
soufre un peu d'alcool ou de salpêtre pour en faciliter la combustion et y mettre le feu. Les araignées,

Incommodées par la vapeur d'acide sulfureux, quittent l'arbre au plus vite. Pour faire descendre les fourmis, il suffit de secouer fortement les branches. On empêche les insectes de remonter en répandant au pied des arbres, sur le sol, de la sciure de bois imprégnée de goudron de houille (ou *coaltar*), ou en formant autour de la tige ou des branches, un anneau protecteur avec la même substance. On purge ensuite le sol des plantes étrangères, on enlève, au besoin, les pierres et autres débris pouvant servir d'abri aux insectes ou à leurs œufs, et on termine par un *labour* peu profond ou un *binage* à la houe. Il sera toujours préférable, toutes les fois que le climat s'y prêtera ou que le temps le permettra, de faire l'éclosion de cette façon; les vers y gagneront en vigueur et on aura ainsi de grandes chances d'éviter la flacherie, souvent due à une éclosion en *local fermé*

Lorsque, cependant, l'éclosion doit se faire en lieu abrité et sur branches coupées, on choisit pour cela un local avec des ouvertures sur au moins deux côtés opposés et on laisse les fenêtres ouvertes jour et nuit. Mieux encore, on établit, en un endroit abrité, un petit *hangar* fermé sur les côtés au moyen d'un filet, d'une toile métallique ou simplement de grosse toile d'emballage. On place dans le milieu du local une table et sur cette table des vases ou des baquets contenant les branches fraîchement coupées, destinées à recevoir les vers à mesure qu'ils écloront.

S'il s'agit d'espèces hivernant dans les cocons, le moment venu, au printemps, c'est-à-dire au départ de la végétation, on retire de la chambre de conservation l'armoire ou la cage renfermant les cocons et on la place dans un local plus chaud. Au bout d'un certain temps, les papillons sortent des cocons. On les laisse s'accoupler, puis on les fait pondre comme nous le dirons plus bas. Après la ponte, les œufs sont recueillis dans des boîtes et disposés suivant l'un des procédés précédemment décrits, pour recueillir les vers au moment de l'éclosion.

3. **Méthodes d'élevage.** — A cause de leur humeur vagabonde, on ne pourrait pas facilement élever les vers sauvages sur des claies de la même façon que les vers du mûrier. On est obligé, pour les retenir plus facilement ou les empêcher de fuir, de les placer soit sur des branches coupées, piquées dans des vases ou des baquets contenant de l'eau ou du sable humide, soit au dehors directement sur les arbres. Généralement, dans nos climats du moins, on soigne les jeunes vers jusqu'à la 2ᵉ ou la 3ᵉ mue sur des *branches coupées* et *sous abri* ou *en magnanerie* plus ou moins ouverte, et ensuite on les installe en *plein air* sur les arbres. De là, trois méthodes distinctes *d'élevage* des *vers sauvages* : 1° l'*élevage en magnanerie sur branches coupées;* 2° l'*élevage sur arbres au dehors;* 3° l'*élevage en magnanerie sur branches coupées dans les premiers âges, puis sur arbres au dehors.*

4. **Elevage en magnanerie sur branches coupées.** — Dans le premier système, les vers vivent sur des branches fraîches coupées sur les arbres et plongées par le pied dans des *récipients d'élevage.*

contenant de l'eau ou de la terre humide. Les *vases d'élevage* reposent *sur des tables* dans des *magnaneries* à parois perméables à l'air ou même en *plein air* si le climat le permet.

La *magnanerie* plus ou moins *fermée*, employée pour l'élevage des vers communs du mûrier et dont ces derniers s'accommodent tant bien que mal, ne pourrait servir à l'élevage des vers sauvages, si ce n'est pour une petite population. En effet, ces vers sont *avides d'air libre*, il leur faut absolument un *local isolé et à claire-voie* de tous les côtés ou un *simple abri en forme de hangar*. On peut aussi employer un local ordinaire ayant sur ses côtés de grandes ouvertures qu'on laisse ouvertes le jour et la nuit afin que l'air puisse se renouveler continuellement sans obstacles, ou même simplement *utiliser l'ombre d'un grand arbre ou d'un mur* dans les pays où la protection contre les fortes chaleurs est seule nécessaire. On emploie pour recevoir les rameaux et les conserver frais différentes sortes de *récipients d'élevage : bouteilles, flacons* ou *bocaux de verre ; vases* ou *cruches* en grès ou *terre cuite ; baquets* en bois de diverses formes et dimensions.

Quand on fait usage de bouteilles ou de flacons, il faut les choisir de préférence évasés dans le bas, de manière à pouvoir y loger une plus grande quantité d'eau, avec une ouverture relativement étroite pour diminuer la surface d'évaporation. Ils seront pourvus inférieurement d'un orifice de vidange (avec ou sans robinet), pour faciliter l'évacuation de l'eau viciée et son remplacement par de l'eau pure.

M. Givelet se servait de *baquets* en bois blanc, de forme rectangulaire, de 1 m. 60 de longueur, sur o m. 70 de largeur et o m. 18 de profondeur, doublés de zinc à l'intérieur. Ces baquets sont portés sur 4 pieds de o m. 45 de hauteur et remplis d'eau jusqu'au bord. Un trou est ménagé dans le fond pour le renouvellement de l'eau. Le récipient est surmonté d'un couvercle formé de deux planches d'égales dimensions, placées à o m. 05 de distance l'une de l'autre avec, de o m. 04 en o m. 04 de distance, des orifices disposés en quinconce, et d'un diamètre proportionnel à la grosseur des branches. Dans le modèle de Givelet, ce diamètre est à peu près juste assez grand pour laisser passer un pétiole de feuille d'ailante. Il les faudrait évidemment plus grands s'il s'agissait de branches ou de rameaux de chêne ou de prunier. Les rameaux ou les pétioles de feuilles d'ailante, débarrassés de 3 ou 4 folioles de la base, sont passés dans les trous des tables et viennent tremper, par leur extrémité inférieure, dans l'eau du baquet situé au-dessous. Grâce à cette disposition, rameaux ou feuilles sont maintenus solidement dans leur position verticale.

Les vases ordinaires (bouteilles, cruches, carafes, bocaux, etc.) peuvent être posés sur une *table d'élevage* ou placés directement sur le sol, où l'on peut même les enterrer plus ou moins, afin d'éviter qu'ils soient renversés par la force du vent si l'élevage a lieu au dehors.

Les tables d'élevage, destinées à recevoir les récipients, ont une largeur de 1 m. 20 à 1 m. 50 au plus.

Quant à la longueur, elle est limitée par celle du local ou de l'abri. On pourrait aussi placer les flacons ou les cruches entre deux tables superposées, séparées par une distance un peu supérieure à la hauteur des vases, dont la supérieure, percée d'ouvertures, laisserait passer les rameaux qui viendraient tremper par le pied dans l'eau des récipients en dessous.

5. **Alimentation. Changement des branches.** — Dans le système d'élevage sur branches coupées, lorsque les vers ont mangé les feuilles des rameaux servis au dernier repas, on remplace ces derniers par des rameaux neufs. Les *changements* de feuillage sont faits une fois ou deux par jour. Quand on fait une seule distribution, elle a lieu ordinairement le matin ; dans le cas de deux repas, on en sert un le matin et un le soir. Ces changements sont effectués de plusieurs façons : 1º La plus simple, lorsqu'il s'agit de petits élevages, consiste à *piquer* dans *les vases d'élevage* les rameaux fraîchement cueillis et quand les vers ont quitté les vieux branchages, à enlever ces derniers ; 2º à placer près des vases contenant les anciens rameaux chargés de vers, de préférence *du côté le plus éclairé*, d'autres récipients portant des rameaux neufs. Les vers quittent les vieux branchages pour se rendre sur les nouveaux. S'il en reste quelques-uns, on casse ou on coupe avec des ciseaux, les ramifications ou on retranche de la même façon les brins de feuilles auxquels ils sont cramponnés et on accroche ces fragments de branches ou de feuilles aux rameaux frais ; 3º à retirer de leurs flacons les faisceaux de vieux branchages et à les poser sur une

table ; à prendre ensuite un par un les rameaux
pour en retrancher chaque feuille ou partie de brindille que l'on fait tomber avec leurs vers sur un
bouquet de feuilles fraîches préparé à l'avance. Les
larves abandonnent d'elles-mêmes les débris de
feuilles ou de rameaux auxquels elles étaient fixées
et se disséminent sur les branches nouvelles pour
manger les feuilles fraîches ; 4° quand on fait usage
de tables à doubles planches perforées surmontant
un baquet ou des vases remplis d'eau, on peut procéder de la façon suivante conseillée par Personnat :
des rameaux sont piqués dans tous les trous de la
table, excepté à l'une des extrémités en un espace de
o m. 20 environ de longueur, sur une largeur égale
à celle de la table. Le moment venu de changer la
feuillée, on pique des branches nouvellement coupées dans les trous de la partie vide et on avance,
au fur et à mesure, en piquant de nouvelles branches à la place des rameaux dépouillés. Au repas
suivant, on procède de même en commençant par
le bout opposé ; 5° enfin, on peut disposer les rameaux de manière à laisser entre eux des trous vides
qui serviront à recevoir des rameaux neufs quand les
feuilles des premiers seront mangées. Les rameaux
neufs et les vieux doivent être assez rapprochés pour
se toucher afin de permettre aux vers d'aller des uns
aux autres.

Les vides entre les rameaux et l'ouverture des récipients doivent être fermés avec du papier ou autrement pour que les vers avides d'eau ne tombent
dans le liquide et ne s'y noient.

6. Elevages sur arbres au dehors. — Dans les climats suffisamment doux, on fait, depuis l'éclosion jusqu'à la terminaison des cocons l'élevage des vers en plein air sur les arbres. Pour plus de commodité, et dans le but de favoriser la production des feuilles, on donne à ceux-ci les *formes de taillis, basse tige* ou *moyenne tige*. La plantation est divisée en deux parties ou sections : une plus petite où les vers passeront leurs deux ou trois premiers âges ; l'autre plus étendue en laquelle ils achèveront leur développement. La partie sur laquelle les vers passent les premiers âges est le *bois* ou *taillis d'éducation* ; la seconde constitue le *bois* en *taillis d'achèvement de l'élevage.*

M. Givelet conseille, dans l'élevage du *B. cynthia*, de diviser les surfaces plantées par *séries de 11 rangées d'arbres* de 100 mètres de longueur, de consacrer la ligne du milieu de chaque série comme *ligne d'éducation* et de faire servir les dix autres rangées à l'achèvement de l'élevage à partir du 4ᵉ âge. Au début, les vers sont partagés entre 5 ou 6 arbres choisis dans le milieu de la ligne d'éducation ; ces premiers arbres épuisés, on transporte les vers sur un nombre d'arbres double du premier (10 ou 12), puis sur 24 autres et ainsi de suite, de façon que lorsque tous les arbres de la ligne d'éducation sont épuisés de leurs feuilles, les vers soient arrivés à leur troisième mue.

Quand on fait passer les vers de la 1ʳᵉ division du taillis d'élevage à la seconde, il faut avoir soin de proportionner leur nombre à l'étendue du feuillage

des arbres et de prévoir dans cette évaluation non
seulement le nécessaire pour l'alimentation des vers,
mais, en outre, le nombre voulu de feuilles pour en-
tourer les cocons et entretenir la végétation des
arbres.

Dans les débuts, il est préférable de placer sur
chaque arbre un nombre de vers plutôt trop petit
que trop grand, afin de s'éviter l'ennui résultant de
l'obligation dans laquelle on se trouverait de trans-
porter plus tard les vers d'un arbre sur un autre ou
de les sacrifier faute de pouvoir les nourrir.

7. **Système mixte d'élevage ou sur branches
coupées dans les premiers âges, puis sur arbres
en plein air.** — Le troisième procédé consiste à
soigner les vers jusqu'à la 2ᵉ ou la 3ᵉ mue, ou même
la 4ᵉ mue, en magnanerie sur des rameaux coupés
et à les porter ensuite sur les arbres en plein air.
Dans la première période, les vers reçoivent les mêmes soins que dans le système d'élevage déjà décrit
sur branches coupées de l'éclosion à la terminaison
des cocons, et dans la *seconde* on les gouverne
comme dans le système d'élevage sur arbres en plein
air. Quant au passage d'un régime à l'autre, il comprend deux opérations : 1° *Le transport des vers de
la magnanerie à la plantation*; 2° *L'installation des
vers sur les arbres.*

Le transport des vers à la plantation ne présente
pas de difficultés. On l'effectue de diverses manières :
soit en portant les rameaux avec les vers dessus après
les avoir retirés des vases, soit, si l'on fait usage de
récipients surmontés d'une double table avec trous

pour piquer les rameaux, en portant table et rameaux chargés de vers jusqu'au lieu de l'élevage. Là, les tables sont disposées sur des tréteaux préparés à l'avance auprès des arbres destinés à recevoir les vers.

Le transport des rameaux effectué, il reste à faire *la répartition* des vers entre les arbres et à les y *installer*. Pour cela, on fragmente les branchages et on accroche un après l'autre les fragments chargés de vers aux branches des arbres en proportionnant le plus exactement possible le nombre de sujets à la quantité de feuillage; tout au moins, en évitant de placer sur un arbre plus de vers qu'il n'en pourrait nourrir.

On choisit pour l'exécution de ces opérations un temps calme, de peur que les brindilles suspendues aux arbres et portant les vers ne soient détachées et jetées à terre par la violence du vent.

8. **Espacement. Egalisation. Arrosage. Soins hygiéniques.** — A mesure que les vers se développent, on leur fait prendre, comme aux vers de mûrier, un espace plus grand, seulement ici, *l'espacement* ne consiste pas en une surface de claies plus étendues, mais en une répartition des vers sur un plus grand volume de feuillage. Lorsqu'il s'agit de l'élevage sur branches composées, au moment d'opérer un changement de rameaux, au lieu de distribuer les vers sur les branches d'un seul récipient semblable à celui sur lequel ils se trouvaient auparavant, on les répartit entre les rameaux de deux vases ou bien on les place sur les rameaux d'un vase plus

grand. On opère dans le premier cas une sorte de *dédoublement*. Dans l'élevage sur taillis, si l'on s'aperçoit que les vers soient trop nombreux sur un arbre, on en transporte une partie sur un autre.

Il importe aussi que les vers soient tous du même âge et de la même taille, c'est-à-dire *égaux*, tout au moins ceux du même arbre ou du même vase d'élevage. L'égalité est une condition toujours avantageuse, quel que soit le système d'élevage, mais elle est surtout nécessaire dans l'élevage sur branches coupées, car la présence de vers d'âges différents,

Fig. 36. — Œufs ou graines de *B. yama-maï.* Grossissement linéaire : 4/3.

sur le même bouquet de rameaux, est un obstacle à la substitution de feuillage nouveau aux branchages anciens, à cause de la nécessité de ne pas déranger les vers en mue. *L'égalité s'obtient* dans l'élevage des vers sauvages par les mêmes moyens que chez les vers communs du mûrier, savoir : 1° par la séparation, à la naissance, des vers éclos des jours différents. On place sur les rameaux d'un bocal ou sur les branches d'un même arbre les seuls vers éclos le même jour; 2° par le prélèvement et le transport, au moment d'une mue, des vers les plus avancés d'un vase ou d'un arbre, sur un autre vase ou sur un autre arbre, et l'abandon sur les anciens branchages des *retardataires* encore immobilisés dans la mue.

Les chenilles de *certaines espèces ont besoin d'eau* et dans les élevages à l'intérieur ou sous abri et aussi en plein air dans les climats secs et où les pluies sont rares, il faut leur en donner au moyen d'*arrosages*, à l'aide d'un *arrosoir*, d'un *pulvérisateur* ou de tout autre *instrument* permettant d'obtenir le même résultat.

Toutes les espèces de Bombyx n'éprouvent pas le besoin d'être arrosées; pour certaines, le *B pyri*, par exemple, l'*humectation est* même *nuisible*. L'arrosage est au contraire utile à plusieurs espèces : le B. cecropia, le B. yamamaï. le B. cynthia, le B. pernyi. Il est évident que ce besoin se fera d'autant moins sentir que le climat sera moins sec, l'air plus chargé d'humidité. L'eau projetée sur les vers de ces espèces a, en tombant sur eux sous forme de pluie, plusieurs heureux effets : elle diminue leur humeur vagabonde, favorise leur développement et la simultanéité de leurs phases, augmente enfin le poids de leurs cocons. Les arrosages doivent être répétés à intervalles plus ou moins rapprochés, suivant le degré de sécheresse de l'air et la chaleur du climat. Dans le midi de la France, ils peuvent être répétés jusqu'à 2 ou 3 fois par jour. Quand les vers entrent en *maturité*, c'est-à-dire lorsqu'ils se disposent à former leurs cocons, il est prudent de cesser les humectations.

Les vers sauvages exigent aussi des *soins de pro-*

preté. Ces soins consistent, si l'élevage a lieu en magnanerie, dans l'*enlèvement* des *déjections* sur les tables portant les rameaux, et le *balayage* du plancher une fois chaque jour. Les balayages doivent être effectués en prenant les précautions indiquées dans la première partie (page 52). Dans l'élevage à l'air libre, les soins de propreté ont pour objet la *destruction* des *mauvaises herbes* et des végétaux inutiles qui poussent entre les arbres servant à la nourriture des vers ; 2° en *labours* et *binages* à donner au sol et dont il sera parlé au chapitre des plantes alimentaires.

CHAPITRE III

ESPÈCES ET CROISEMENTS

Les espèces sauvages sont nombreuses ; les plus connues sont : le *ver à soie du chêne du Japon (Bombyx yamamaï)*; le *ver à soie du chêne de Chine (Bombyx pernyi)*; le *ver à soie tussah de l'Inde (B. mylitta)*; le *ver à soie de l'ailante de Chine (B. cynthia)*; le *ver à soie du ricin de l'Inde (B. arrindia ou ricini)*; le *ver à soie du prunier de l'Amérique du Nord (B. cécropia)* (1).

---

(1) L'ancien genre Bombyx a été, depuis sa création, profondément remanié par les entomologistes et partagé par eux en tribus, genres et sous-genres [*Sericaria (B. mori), Antheræa, Philosamia, Callosamia, Platysamia, Samia,* sont quelques-uns de ces genres nouveaux]. Je n'ai pas cru utile d'adopter ces divisions ; il m'a paru préférable de laisser, comme on le faisait autrefois, réunies à côté du ver à soie du mûrier, dans le même genre *Bombyx,* les différentes autres espèces de vers à soie. Pour nous donc, ces différentes espèces demeureront, avec le ver du mûrier, ce qu'elles étaient autrefois, c'est-à-dire des *Bombyx.*

**1. Ver à soie du chêne du Japon (Bombyx ya-
mamaï).** — Espèce annuelle du Japon. Hiverne à l'état
de larve dans *l'œuf*. Celui-ci est blanc, recouvert à
l'extérieur d'un vernis gommeux brun-foncé-rou-
geâtre ; son diamètre moyen est de 3 millimètres ; il
en faut 150 pour faire le poids d'un gramme. La *lar-*

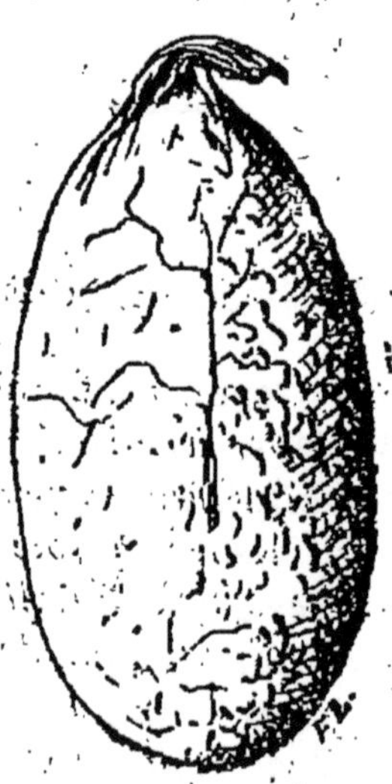

Fig. 37. — Cocon de ver à soie du chêne du Japon
(*B. yamamaï*). — Grandeur vraie.

ve se nourrit de feuilles de chênes blancs ; sa peau
est verte dans l'ensemble ; pourvue de tubercules per-
sistants chargés de poils. Elle subit 4 mues et passe
par 5 âges : le 1ᵉʳ âge de la naissance à la fin de la
première mue dure 8 jours ; le second, de la fin de la
2ᵉ mue à la terminaison de la 2ᵉ, dure 6 jours ; le
troisième, 10 jours ; le quatrième, 12 jours ; le cin-

quième et dernier, 16 à 18 jours ; soit, en tout : 52
jours à une température moyenne de 23 degrés centigrades.

Au bout de ce temps, elle devient *mûre et se dispose*
à former son *cocon*. Celui-ci est *vert*, ellipsoïde, fermé ; il est attaché par un lien aplati, plus ou moins
long à une brindille, à un pétiole, et entouré de
feuilles.

La récolte a lieu dans le 15e jour après la *montée*.
Un cocon pèse environ 7 grammes ; il en va donc
140 dans 1 kilog. Le poids de la matière soyeuse est
de 0 gr. 70 à 0 gr. 80 (un dixième du poids du cocon avec la chrysalide). Le *cocon est dévidable* dans
l'eau chaude sans que l'alcalinisation de cette dernière
soit absolument indispensable. La *rentrée* à la filature est de 12 à 14 kilog. C'est-à-dire qu'il faut de 12 à 14
kilog. de cocons frais pour obtenir 1 kilog. de soie
grège. Celle-ci est d'un bel aspect luisant *vert clair*.
Elle est nerveuse, c'est-à-dire forte, tenace, mais plus
grossière que celle du *B. mori*.

Du 30e au 40e jour après la terminaison du cocon, les papillons sortent. Ils sont de grande taille.
Voici leurs dimensions :

	MALES	FEMELLES
Longueur du corps..............	25 millimètres	40 millimètres
Largeur au bord antérieur du thorax......................	10 millimètres	10 millimètres
Envergure (distance du bout d'une des ailes supérieures à celui de l'autre)...........	160 millimètres	150 millimètres

Le *corps* est couvert de poils écailleux, *jaunes*. Les

ailes sont *jaunes*, parcourues en travers, près du bord extérieur, par une bande à triple couleur, brune, blanche, rosée, en allant de dedans en dehors. Dans le milieu, est une tache *(ocelle)* demi-circulaire *vitrée*, entourée d'une double ligne interne *rose* et *blanche*, et d'une ligne antérieure *rose* du côté du bord interne et *noire* du côté du bord externe de l'aile.

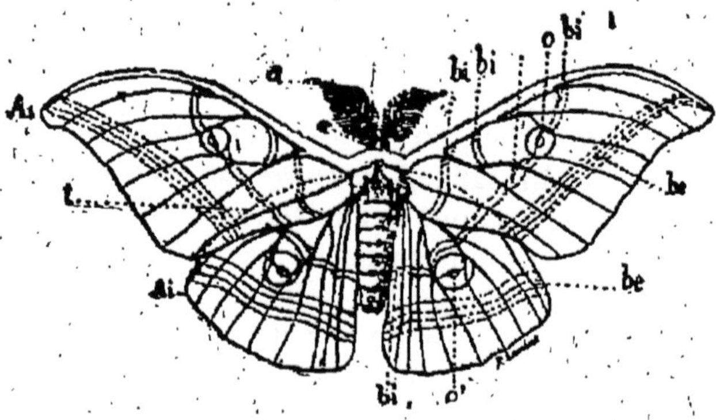

Fig. 38. — Papillon mâle de ver à soie du chêne du Japon (*B. yama-mai*). Réduction : 1/2.

a, antenne. — *œ*, œil (composé). — As, aile supérieure ou antérieure gauche. — Ai, aile inférieure ou postérieure gauche. — *o*, *ocelle* (ou tache circulaire) central de l'aile supérieure droite. — *o' ocelle* central de l'aile inférieure droite. — *be*, *be*, bandes extérieures transversales tricolores de l'aile supérieure et de l'aile inférieure droites. — *bi*, *bi*, bandes transversales centrales internes des ailes de droite. — *t*, ligne pointillée indiquant le bord antérieur de l'aile inférieure gauche (sous l'aile supérieure).

Les papillons femelles pondent de 150 à 200 œufs. Si les œufs sont fécondés, l'embryon se développe à l'intérieur et passe sans interruption, au bout d'un mois, de l'état de bandelette à celui de larve. Celle-ci hiverne à l'intérieur de l'œuf et éclot au printemps, en mars-avril. Les éclosions ont lieu le matin de bonne heure comme chez le B. mori. Ce *ver* est *des plus faciles à élever* ; étant annuel, il convient bien pour nos climats à hiver précoce et relativement long. Il est aussi l'un des plus avantageux à cultiver à cause de son *cocon le plus facile à dévider après celui du ver du mûrier.*

La larve est avide d'eau, particulièrement au sortir des mues, et demande par conséquent à être *arrosée,* surtout quand l'air est chaud et sec. C'est une *espèce annuelle.*

2. **Ver à soie du chêne de Chine (B. pernyi).** — Le *Bombyx pernyi* est *bivoltin,* c'est-à-dire qu'il donne deux générations par an. Il hiverne à l'état de *chrysalide* dans le cocon.

Sa patrie d'origine est la Chine, où on le trouve vivant à l'état libre dans les montagnes, sur les chênes dont il mange les feuilles.

L'*œuf* a la même grosseur et le même aspect que celui du B. yama-maï. Il en va également 150 au gramme. Le vernis dont il est recouvert est d'une couleur rougeâtre *(chocolat)* un peu moins foncée.

Ainsi que nous l'avons dit, les *chrysalides* passent l'hiver dans les cocons. Le papillonnage a lieu au printemps, en avril-mai ; les œufs pondus en mai par les papillons femelles éclosent 15 à 20 jours après. Le premier élevage (*1" élevage,* ou de *printemps)* commence à cette époque pour prendre fin 6 à 7 semaines après, en juillet. En juillet-août, les papillons

sortent des cocons; ils donnent des œufs; au bout
d'une quinzaine de jours, ces œufs produisent une
deuxième génération de chenilles, dont on fait l'élevage en août-septembre (2ᵉ *élevage* ou *d'automne*).
Les cocons pour graine de ce deuxième élevage, sont
placés dans une caisse à claire-voie à parois en toile
claire, sorte de *cage*, installée elle-même dans une
pièce fraîche, sèche et aérée, pour y être conservés
jusqu'au printemps suivant.

La *larve* est un peu moins grosse que celle du
Yama-maï; verte, avec six rangées de tubercules,
comme les autres vers sauvages : les dorsaux et les
latéraux sustigmatiques *bleus-lilas*, les latéraux sous-

Fig. 39. — Œufs de *B. pernyi*. Grossissement linéaire : 4/3.

stigmatiques bleus. Chaque tubercule est surmonté
d'épines noires (2 ou 3). Poils noirs renflés au sommet sur les 2ᵉ et 3ᵉ anneaux thoraciques et aux jambes abdominales ; blancs ailleurs. *Tête* verdâtre
avec six ou sept points noirs disposés symétrique-
ment de chaque côté, sur les pariétaux. *Taches bril-
lantes* métalliques à la base de plusieurs tubercules
sur les segments antérieurs.

Il y a des variations de teintes, ou de nuances, d'âge
en âge. Ainsi, au 1ᵉʳ *âge*, la *tête* est rouge, les poils
des tubercules, blancs; au 2ᵉ *âge*, la tête prend une

teinte brunâtre, les tubercules dorsaux et latéraux sustimatiques, jaune-orange, les sous-stigmatiques, bleus; ils portent des poils noirs terminés en massue; au *3° âge*, une bande tranchant par sa teinte jaune sur le fond vert de la peau, apparaît au-dessus des stigmates et va se terminer à l'extrémité du dernier anneau sous forme d'une tache triangulaire allongée, de teinte rouge-vineux; au *4° âge*, les tubercules dorsaux et sustigmatiques prennent une teinte lilacée et les taches métalliques aperçues au **3° âge,** deviennent plus visibles.

Les dimensions sont les suivantes :

	CORPS			TÊTE
	LONG.	LARG.		LARG.
À la naissance..............	7 m/m	2 m/m	0 g. 007	
Sortie de 1re mue............	15 m/m	4 m/m	0 g. 005	2 m/m
Sortie de 2e mue............	18 m/m	7 m/m	0 g. 183	
Sortie de 3e mue............	35 m/m	9 m/m		5 m/m
Sortie de 4e mue............	50 m/m	15 m/m		8 m/m
Au maximum de taille...	75 m/m	20 m/m	11 g. 85	
À maturité...............	75 m/m	20 m/m	11 g.	

Le nombre des âges est de cinq, séparés par quatre mues; leur durée est, comme toujours, plus ou moins longue, suivant le degré de chaleur; à la température de 23°, elle est à peu près la suivante :

De la naissance à la fin de la 1re mue........	7 jours
De la fin de la 1re mue à la fin de la 2e mue..	6 jours
De la fin de la 2e mue à la fin de la 3e mue...	8 jours
De la fin de la 3e mue à la fin de la 4e mue...	10 jours
De la fin de la 4e mue à la montée............	43 jours
Total......	43 jours

La durée de l'élevage peut être estimée à 45 jours. Au bout de ce temps, la chenille forme son *cocon*.

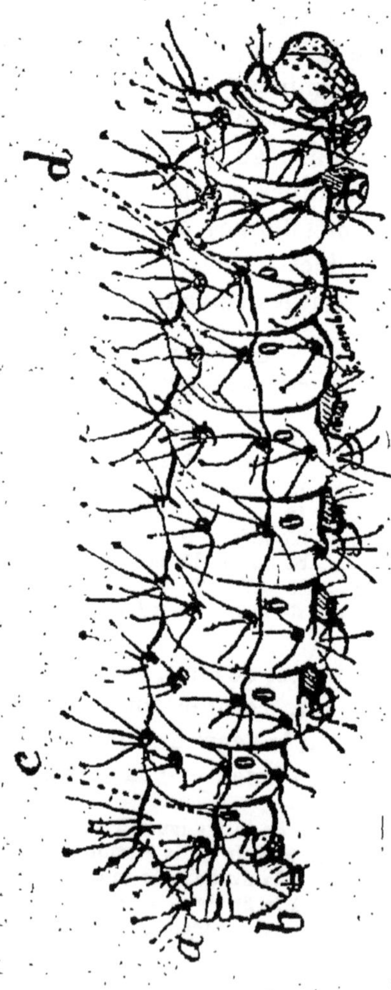

Fig. 40. — Larve de ver à soie sauvage du chêne, de la Chine (*B. Pernyi*). — A, C, B, tache triangulaire rouge à l'extrémité postérieure du corps. — C, D, bande latérale sustigmatique jaune. — Grandeur vraie.

Celui-ci est gris ellipsçoïde, attaché aux rameaux et aux pétioles par son extrémité antérieure au moyen d'une sorte de lanière de soie et entourée de deux ou trois feuilles, comme le cocon du Yama maï. Les dimensions et les poids sont les suivants, en moyenne :

	LONG.	LARG.	POIDS
Cocon mâle	45 m/m	25 m/m	7 gr. 3
Cocon femelle	50 m/m	27 m/m	9 gr. 8
Moyennes	47 m/m 5	21 m/m	8 gr. 5
Chrysalide mâle	—	—	6 gr. 65
Chrysalide femelle	—	—	9 gr.
Poids moyen d'une chrysalide		—	7 gr. 8
Coque soyeuse mâle		—	0 gr. 84
Coque soyeuse femelle			0 gr. 64
Poids moyen d'une coque soyeuse			0 gr. 74

On effectue le dévidage après baignage dans l'eau chaude additionnée d'un peu de matière alcaline (potasse, soude, savon, cendres). On pourrait (suivant les conseils de M. Levrat) les soumettre, dans un autoclave, avant l'opération, à l'action de la vapeur d'eau sous pression. Par suite de ce traitement préparatoire, la soie se dévide facilement sans perdre son *grès*.

La *chrysalide* ne présente rien de particulier, si ce n'est qu'à la deuxième génération elle passe, ainsi qu'il a été dit, l'hiver dans le cocon. Ici, ce n'est donc plus le travail d'organisation du germe dans l'œuf qui est interrompu pendant la saison fraîche, comme cela a lieu pour le ver du mûrier, mais le travail d'*histolyse* et d'*histogenèse* pour la formation des organes du papillon dans la chrysalide.

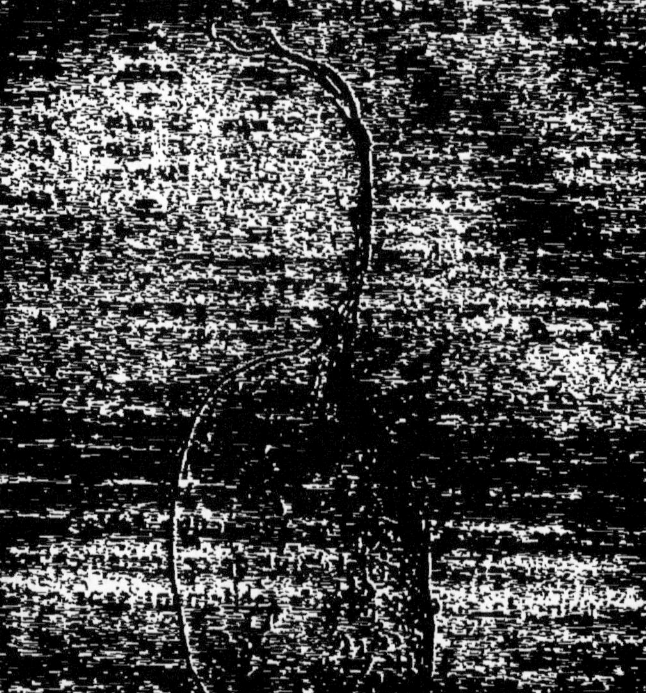

précédente. Elle est bordée *rose, blanc, rose* du côté interne et *rose, blanc, noir* dans la direction du bout de l'aile. La *bande transversale extérieure* (qui se trouve le long du bord postérieur de l'aile en dehors de l'ocelle) est constituée par trois lignes de couleurs différentes : *brun, blanc, rose,* en allant de dedans au dehors.

Dimensions

	MALES	FEMELLES
Longueur du corps	35 millimètres	40 millimètres
Largeur du corps au bord antérieur du thorax	10 millimètres	10 millimètres
Distance du bout de l'aile supérieur d'un côté à celui de l'aile du côté opposé (*envergure*)	130 millimètres	131 millimètres

Le nombre des œufs pondus est de 150 en moyenne.

3. Ver à soie mylitta (B. mylitta). — Le *ver à soie mylitta* habite l'Inde où il est l'objet d'élevages importants. Comme chez le ver à soie du mûrier, il existe chez le ver à soie mylitta plusieurs races ; les unes *annuelles*, les autres *polyvoltines*. Les indigènes appellent ce ver à soie « *tussah* » ou *tussor* », de là le nom de tussah ou tussor donné par extension, dans le commerce, aux soies des espèces sauvages, et aux tissus fabriqués avec ces soies. Sa chenille vit sur plusieurs espèces d'arbres (on en a compté une trentaine). Elle *mange* très bien la *feuille de chêne.*

L'*œuf* est rond et aplati ; il a trois millimètres de diamètre ; sa couleur est jaune avec deux bandes brunes en bordure, formant tout autour comme un double anneau.

La *larve* est verte comme celle du Yama maï ; comme chez les espèces précédentes, la couleur des tubercules change avec l'âge. Au 5e âge, ils sont jaunes à l'extrémité.

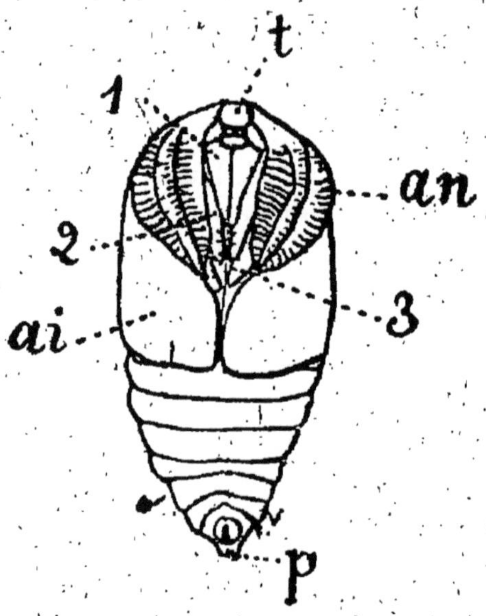

Fig. 42. — Chrysalide de ver à soie sauvage (*B. pernyi*). *t*, tête. — *an*, antenne. — *ai*, aile. — *p*, touffe de poils à l'extrémité postérieure. — *1*, jambe de la 1re paire. — *2*, jambe de la 2e paire. — *3*, jambe de la 3e paire. — Grandeur vraie.

Le nombre des *mues* est de *quatre* comme chez les espèces décrites. Arrivé au terme du 5e et dernier âge, la larve du B. mylitta se tisse un *cocon* de forme ellipsoïde régu'ière entièrement fermé comme en œuf. Ce cocon présente à son extrémité antérieure un *pédoncule* de longueur variable, terminé par une *boucle* au moyen de laquelle il est suspendu à la branche d'arbre; sa couleur est *grise*; sa surface unie et lisse. La soie y est fortement collée par le grès, ce qui oblige de le faire macérer dans l'eau bouillante alcalinisée assez fortement, pour en effectuer ensuite le dévidage; ou à le soumettre à l'action préalable de la vapeur d'eau sous pression, pendant une demi-heure au moins.

La soie du tussah est forte, les tissus que l'on fabrique avec, sont remarquables par leur solidité et leur durée.

Dimensions et poids

Longueur	48 m/m 1
Largeur	43 m/m 5
Poids moyen avec la chrysalide	
Nombre au kilog	
Poids de la coque soyeuse	1 gramme
Pédoncule	50 m/m

Les papillons sont variés de couleur; ils ont dans le milieu de chaque aile un ocelle plus grand que ceux des espèces précédentes.

Plus encore que ceux des autres espèces sauvages, les vers du B. mylitta ont besoin de plein air et de liberté pour prospérer. Dans l'Inde, on les fait naître au dehors et on les y laisse jusqu'à la terminaison des cocons, se contentant de nettoyer et de piocher la terre autour des arbres et de faire la chasse aux ennemis.

5

On laisse le papillonnage lui-même se faire en

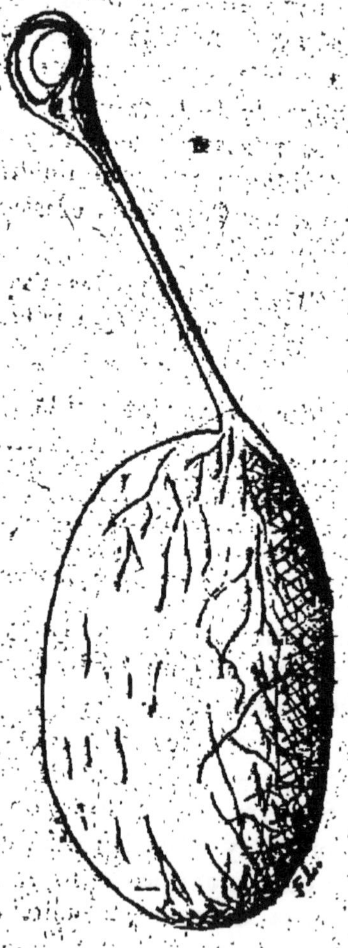

Fig. 38. — Cocon de ver à soie *tussah* (*B. mylitta*) de l'Inde.
Grandeur vraie.

plein air. Quand les cocons sont bons à récolter, on les détache des branches auxquelles ils sont attachés. La cueillette terminée, on choisit les meilleurs pour la reproduction, on les enfile par l'anneau des pédoncules à une corde et par le moyen d'un bâton aux extrémités duquel cette sorte de filane est attachée, on les suspend aux branches d'un arbre.

Au bout d'un certain temps, les papillons sortent et l'accouplement a lieu sur les filanes. L'accouplement terminé, on prend les femelles et on les enferme dans des paniers pour les faire pondre. Ces paniers contenant les œufs sont ensuite fixés sur les arbres pour l'éclosion. A mesure qu'elles naissent, les jeunes larves sortent par les trous du panier et se rendent sur les feuilles.

4. **Ver à soie de l'ailante (B. cynthia).** — Les vers des espèces précédentes forment des *cocons fermés* comme ceux des vers du mûrier et dévidables industriellement; les cocons des sortes que nous allons maintenant décrire sont *ouverts* à leur extrémité antérieure, et cette particularité, qui les fait ressembler à un nid d'oiseau, les rend indévidables industriellement par les procédés ordinaires. Cette infériorité les déprécie et les fait passer au rang des déchets de soie utilisés par le *peignage*. Il serait cependant possible, en opérant avec précaution et en se servant d'outillages spéciaux, de tirer la soie des cocons ouverts sans casser le fil, mais les difficultés de la filature, dans ces conditions, et la complication des machines rendraient l'opération trop coûteuse.

Le *B. cynthia* vit sur l'arbre appelé *ailante* ou

vernis du *Japon (Ailantus glandulosa)*. Il est originaire de la Chine comme le *B. pernyi*, et sa culture
y a une certaine importance. On le trouve aussi dans
les Indes et au Japon. C'est une *espèce bivoltine*,
c'est-à-dire donnant deux récoltes de cocons chaque
année. Les *chrysalides* de la 2e génération passent
l'hiver à l'intérieur des cocons, et, au printemps suivant, les papillons sortent : la ponte a lieu et, des
œufs pondus, sortent, au bout de quelques jours, les
larves de la génération du printemps.

L'*œuf* est blanc, recouvert d'un enduit gommeux
jaunâtre, parsemé irrégulièrement de petites taches
noires par toute la surface. Sa forme est ovoïde; ses
dimensions sont :

Longueur moyenne............ 1 m/m 6
Largeur..................... 1 m/m 25

Il est donc à peu près deux fois aussi gros que celui du B. mori. Il en faut 5oo pour faire 1 gramme.
5oo coques pèsent o gr. 25.

Au sortir de l'œuf, la *larve* mesure 4 millimètres
de longueur sur 1/2 millimètre de largeur (sans tenir
compte de la longueur des poils); au maximum de
taille, elle a 8o millimètres de long sur 11 de largeur.
Tête : largeur 4 millimètres.

Sa peau est de couleur verte semée de points noirs
(12 par anneau), des tubercules bleus cylindriques
épineux; le corps est couvert d'une *poudre cireuse
blanche*.

La *durée de l'élevage* est à peu près la même que
pour le ver du mûrier (35 jours environ)

Lorsque la larve est arrivée à maturité, elle file un *cocon* gris-blanchâtre, de forme très allongée *(fusi-forme)*, entouré de folioles d'ailante. Ce cocon est, ainsi que nous l'avons dit plus haut, ouvert à son extrémité antérieure.

Fig. 44. — Œufs ou graines de *B. cynthia*. Grossissement : **3/2.**

Dimensions et Poids

Longueur d'un cocon non débourré...................	51 m/m
Largeur.....................................	16 m/m
Poids moyen d'un cocon frais (avec la chrysalide).	2 gr. 75
Nombre au kilogr...............................	363
Poids moyen d'une coque.......................	0 gr. 45
Richesse soyeuse..............................	0.12
Rentrée à la filature...........................	14 kgr.

Les *chrysalides* ne présentent pas de particulari-tés ; celles de la seconde génération passent l'hiver dans le cocon et les *papillons* sortent au printemps.

La couleur de ces derniers est gris-olivâtre dans l'ensemble ; sur le corps existent trois *bandes blan-ches* (une dorsale, deux latérales) ; plus deux rangées de grosses *taches* de *même couleur,* une de chaque côté de la bande dorsale. Dans le milieu de chaque aile, une *tache* en croissant (en segment de cercle plus exactement), *grise, bordée* postérieurement de *blanc,* de *jaune* antérieurement, de *blanc* et de *noir* en allant de dedans en dehors. Une autre tache plus à tite, arrondie (*discoïde*), se trouve dans l'angle antérieur des ailes supérieures : elle est noire, bordée de blanc antérieurement.

La *bande* extérieure *transversale* est *blanche*, *bordée* extérieurement de *rose* et intérieurement de *noir*. Un papillon produit environ 150 œufs.

Le ver de l'ailante s'accommode des systèmes d'élevage à l'intérieur sur branches coupées, mais l'élevage en plein air sur taillis tout le temps depuis la naissance lui convient davantage. Il devra être préféré toutes les fois que le climat le permettra.

Givelet évalue à 10 o/o le nombre de vers perdus depuis le moment de leur répartition définitive sur les arbres pour y achever leurs phases jusqu'au coconnage. Dans ces conditions, un arbre, ou une touffe, ayant reçu après la 2ᵉ mue 50 vers à nourrir, donnera à la fin de l'élevage 40 cocons.

5. **Ver à soie du ricin** (B. arrindia ou ricini). — Le *ver du ricin* est originaire des Indes où il vit sur le *ricin* (*arindi* ou *érié* des Indiens, de là le nom donné à ce ver par les indigènes). Dans ce pays où le ricin est vivace, le *ver érié*, qui est *polyvoltin*, se reproduit jusqu'à 8 et 10 fois par an.

Par ses caractères zoologiques, il se rapproche tellement du *B. cynthia* que certains regardent ces espèces comme de simples variétés d'une seule et même sorte. Ils font valoir à l'appui de cette opinion le fait que le ver de l'ailante peut être nourri avec les feuilles du ricin.

L'*œuf* du *B. ricini* est blanc, un peu plus petit que celui du *B. cynthia* (il en va 600 au gramme).

La *larve* est verte, le *cocon* allongé, roussâtre ou blanchâtre. Le *papillon* a l'abdomen d'aspect blanc. La *bande* transversale externe des ailes est *grise*, bordée de *blanc* d'un côté et de *blanc lilacé* de l'autre. La distance de la pointe de l'une des ailes supé-

Fig. 45. — Cocon de ver à soie de l'ailante (*B. cynthia*).
O, ouverture à l'extrémité antérieure du cocon Grandeur vraie.

rieures à celle de l'aile du côté opposé est de 9 à 10 centimètres. L'élevage de cette espèce n'est pas facile dans nos climats où le ricin peut être tué par les premiers froids de l'hiver, ce qui compromet l'élevage des dernières générations de vers.

6. **Ver à soie du prunier (B. cécropia).** — Dans les forêts de l'Amérique du Nord, vit à l'état sauvage, sur diverses espèces de plantes, un ver à soie, le *B. cécropia.* C'est une espèce *annuelle*, dont l'élevage est facile et réussit très bien dans nos climats, *à la condition d'humecter fréquemment les vers qui sont très avides d'eau.*

La forme des *graines* ne présente rien de particulier ; leur diamètre est de 2 millim. 1/2 ; elles sont recouvertes d'un enduit gommeux brun obscur. Un papillon en produit 240 en moyenne.

L'éclosion des larves à lieu au printemps. Elles mangent les feuilles du prunier, de l'*aubépine* et de diverses autres espèces. *Les feuilles du prunier leur conviennent particulièrement.*

A la naissance, elles sont *noires* et hérissées de tubercules épineux ; après la 4e mue (au 5e et dernier âge), leur *peau* est *verte* avec deux rangées de *tubercules* épineux *bleus* le long des flancs, une au-dessus, l'autre au-dessous des stigmates ; les autres *jaunes* (2 dorsaux par anneau du 5ᵉ au 10ᵉ segment ; 1 sur le 11ᵉ correspondant à l'*éperon*) ou *rouges* (2 dorsaux du 2ᵉ au 4ᵉ segment). Les stigmates sont bleus, bordés de noir.

Dimensions et Poids :

	LONG.	LARG.	POIDS
A la naissance......................	»	»	»
Après la 1ʳᵉ mue.....................	»	»	»
Après la 2ᵉ mue.....................	»	»	»
Après la 3ᵉ mue.....................	»	»	»
Après la 4ᵉ mue.....................	»	»	»
Au maximum de la taille...........	85 m/m	15 m/m	

Le *cocon* est de couleur grise rougeâtre ; sa forme est cônique ; il est constitué par *deux coques* séparées par un intervalle relativement grand ; l'intérieure, la *coque vraie*, a une forme plus régulière, elle est plus fournie en soie ; l'extérieure, appelée *chemise*, sert d'enveloppe à la première ; elle est mince, de consistance parcheminée, de forme irrégulière. La coque est reliée à sa chemise par un réseau de fils à larges mailles ; elle est ouverte, ainsi que son enveloppe, à son extrémité pointue et par suite indévidable.

Dimensions et Poids

	COQUES	
	INTÉRIEURE	EXTÉRIEURE (chemise)
Longueur	51 m/m	80 m/m
Largeur	22 m/m	33 m/m
Poids (frais) avec la chrysalide	4 gr. 833	5 gr. 133
Coque	0 gr. 333	0 gr. 300
Dépouilles	0 gr. 033	»
Richesse soyeuse (avec les deux coques)	0 gr. 47	
Richesse soyeuse (la coque extérieure enlevée)	0 gr. 06	

La larve, après avoir terminé son cocon, se change en *chrysalide* ; celle-ci est de couleur brun foncé, presque noire à maturité. Elle passe l'hiver dans le cocon et, au printemps suivant, se métamorphose en *papillon*.

Celui-ci a quelque ressemblance avec le papillon de notre *B. pyri*. Son corps est rouge, avec des ailes de teinte sombre brun rougeâtre.

Chacune de ces dernières porte dans son centre

une *tache* en forme de croissant *blanche, bordée de rouge* et de *noir*. Dans l'angle supérieur de chaque aile antérieure, est un petit ocelle.

Dimensions

	MALE	FEMELLE
Longueur du corps......................	30 m/m	37 m/m
Largeur du corps au collier...............	10 m/m	10 m/m
Envergure............................	142 m/m	143 m/m

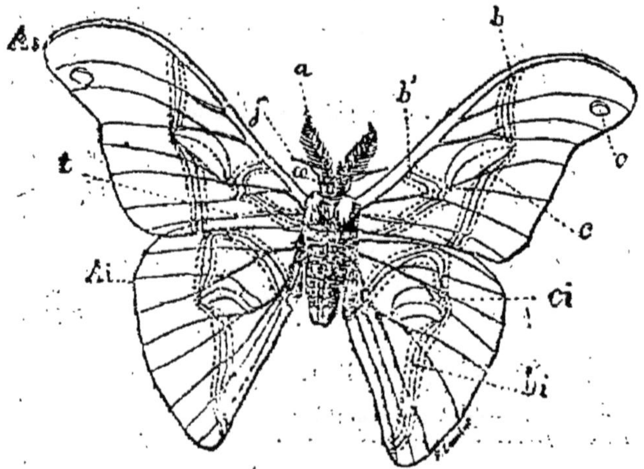

Fig. 66. — Papillon (mâle) de ver à soie de l'ailante de la Chine (*B. cynthia*).

a, antenne gauche. — *œ*, œil composé gauche. — *j*, jambe antérieure gauche de la 1re paire. — *As*, aile supérieure gauche. — *Ai*, aile inférieure gauche. — *c*, tache centrale en croissant de l'aile supérieure droite. — *ci*, tache centrale en croissant de l'aile inférieure droite. — *o*, tache circulaire (*ocelle*) dans l'angle antérieur de l'aile supérieure droite. — *b*, bande transversale externe tricolore de l'aile supérieure droite. — *b'* bande interne transversale de l'aile supérieure droite. — *bi*, bande transversale de l'aile inférieure droite. — *t*, indication en pointillé du bord antérieur de l'aile inférieure gauche, sous l'aile supérieure du même côté.

L'éclosion se fait à la température ordinaire une semaine environ après la ponte.

Comme celle du ver de l'ailante, la soie du B. cécropia ne peut être utilisée que pour la fabrication de fils de *schappe*, après décreusage ou rouissage et peignage.

6. **Autres espèces.** — Il existe un grand nombre d'autres espèces de Bombyx sauvages dont la soie est utilisée et qui sont soumis à l'élevage dans leur pays d'origine.

Le *ver à soie du chêne de l'Inde* (B. *roylei*), espèce annuelle, ressemblant beaucoup au B. *pernyi* dont elle diffère surtout par son cocon entouré d'une bourre plus abondante; le B. *assama* des Indes, polyvoltin et polyphage à cocon fermé de couleur variable; le B. *bauhiniæ* du Sénégal, à cocons ouverts, à enveloppe double, grisâtre, dont les vers vivent sur le *jujubier*; le Borocera (*Borocera madagascariensis*), vulgairement *Landybé*, polyphage, polyvoltin de Madagascar; les *vers à soie à bourse* (B. *diego* et B. *radama*), également de Madagascar, qui construisent de grandes poches, ou bourses soyeuses, qu'ils remplissent de nombreux petits cocons. Ces espèces sont également polyphages. Leur soie est utilisée après rouissage et peignage pour la confection de fils plus ou moins grossiers. On exploite aussi les *Attacus*, dont les papillons sont caractérisés par leurs ailes inférieures dont l'angle postérieur se prolonge en queue plus ou moins allongée.

7. **Croisements.** — Des croisements ont été faits entre certaines de ces espèces. Les descendants en

sont plus vigoureux, plus rustiques, plus féconds que les vers de races pures. Ainsi, on a croisé entre elles les espèces suivantes : *B. pernyi* mâle et *B. yamamaï* femelle, et inversement ; *B. pernyi* mâle et *B. roylei* et inversement ; *B. pernyi* et *B. mylitta* ; *B. cynthia* mâle et *B. ricini* femelle et inversement. Nous avons signalé l'affinité de ces deux espèces entre elles (page 133). Les métis se reproduisent entre eux et ont été l'objet d'essais d'exploitation en grand dans l'Amérique du sud, sur le ricin ; *B. bauhinia* mâle et *B. ricini femelle.*

CHAPITRE IV

COCONS ET SOIE

1. Cocons. — Nous savons déjà que certains vers sauvages font des cocons semblables par la forme à ceux des vers du mûrier, c'est-à-dire *fermés* ; les cocons de ces vers sont dévidables. D'autres espèces produisent des cocons en forme de *nid* d'oiseau, c'est-à-dire ouverts à l'une des extrémités ; les cocons de ces dernières espèces, indévidables, sont traités par le *peignage*.

2. Récolte. — Comme dans l'élevage des vers du mûrier, on attend pour récolter les cocons que ceux-ci soient terminés, que la larve soit transformée en *chrysalide* et la peau de celle-ci suffisamment raffermie.

Plusieurs espèces, on l'a vu, exigent, pour se développer, un temps plus long que le *B. mori*, et la durée de leurs phases successives est plus grande à la même température. Les cocons de ces espèces de-
t

vront séjourner sur les arbres plus longtemps avant d'être ramassés. Ainsi, ceux du *B. yama-maï* et du

Fig. — Cocon figuré dans la première (B, enveloppe...). — B, coque extérieure ou chemise. — C, C', coque intérieure. — O, ouverture à l'extrémité antérieure de la coque ... O' ... l'extrémité ... de la coque intérieure. — Grandeur vraie.

B. pernyi ne devront pas être déramés avant le 15ᵉ jour après la montée des vers.

Quant aux cocons du *B. cynthia*, dont les vers évoluent à peu près comme ceux du mûrier, on peut les récolter plus tôt. D'après Givelet, il est bon de les *ramasser dès qu'ils restent fermes* sous la pression du doigt, c'est-à-dire le plus tôt possible, si l'on veut éviter l'attaque des *panorpes*. (Voir p. 96, *Accidents atmosphériques. Animaux destructeurs.*)

Les cocons étant attachés, comme suspendus aux brindilles d'arbre au moyen d'un lien ou d'un pédoncule et plus ou moins entourés de feuilles adhérentes, on pratique le *déramage* en cassant les brindilles ou en détachant les feuilles portant des cocons. On peut aussi se servir de *ciseaux* à l'aide desquels on coupe les lanières ou les pédoncules de soie par l'intermédiaire desquels les cocons sont fixés.

Après les avoir ramassés ou *déramés*, on les réunit et les porte dans une salle pour le *débourrage* et le *triage*. On commence par les débarrasser des feuilles d'arbres dont ils sont enveloppés extérieurement, puis on les débourre s'il y a lieu.

Ensuite, on opère le *triage* des mieux formés et des plus fournis de soie pour servir à la *reproduction* ou *grainage*. Il faut avoir soin de choisir des mâles et des femelles à peu près en même nombre, ou s'il y a une différence dans les nombres des sujets de sexes différents, elle devra être en faveur des femelles, un mâle pouvant servir à deux ou trois accouplements.

La séparation des sexes se fait de la même façon

que pour les cocons du *B. mori* par le pesage : les cocons plus lourds étant des cocons femelles. Ces cocons sont mis à part et serviront pour le grainage ; les autres sont *étouffés* pour être soumis au dévidage si ce sont des cocons *fermés* ; s'ils sont *ouverts*, l'étouffage n'est pas nécessaire et on peut laisser sortir les papillons avant de vendre les coques soyeuses.

3. **Produit. Frais de production.** — Personnat estime à 10 au moins le nombre des cocons frais récoltés par mètre carré de surface de taillis dans l'élevage du *B. yama-maï*, soit 100.000 cocons à l'hectare ou 100.000 $\times$ 0 k. 005 = *500 kilog. de cocons frais* dont on peut estimer la valeur à 2 fr. le kilogr. actuellement. En comptant largement, on peut, je crois, estimer le montant des dépenses à 600 fr. par hectare, si l'on fait usage de la main-d'œuvre étrangère, pour incubation, levée, gardiennage, récolte, et en y joignant les intérêts des premiers déboursés pour plantations, construction de matériel, etc. Dans ces conditions, le *prix de revient du kilogr. de cocons* serait de $\dfrac{600}{500}$ = *1 fr. 20* et le *bénéfice* s'élèverait à 2 fr. — 1 fr. 20 = *0 fr. 80*, par *kilog. de cocons frais*, ou 0 fr. 80 $\times$ 500 = *400 fr. par hectare de bois.*

Les frais d'élevage du *B. cynthia* peuvent être évalués dans les mêmes conditions, à raison de 1 fr. par kilog. de cocons frais (400 cocons au kilog.) pour une récolte normale de 200.000 cocons à l'hectare.

Ces cocons, étant ouverts, trouveront acheteurs

comme *déchets* de soie au prix de environ 12 fr. le kilogr. de matière soyeuse, soit 0 fr. 012 $\times$ 120 grammes $=$ 1 fr. 54 pour le kilog. de cocons. Il resterait 1 fr. 54 — 1 fr. $= 0,54$ *comme bénéfice* pour 1 kilog. de cocons ou 0 fr. 54 $\times$ 550 $= 297$ *fr. par hectare de plantation.*

Le bénéfice de l'élevage du *B. pernyi* et des autres espèces à cocons fermés peut être comparé à celui du *B. yama-maï*, tandis que celui des espèces à cocons ouverts sera à peu près comme pour le *B. cynthia.*

4. **Etouffage et filature des cocons dévidables.** — Les seuls cocons dévidables, sans qu'il soit nécessaire de recourir à un outillage spécial, sont ceux des *B. yama-maï, pernyi, mylitta, roylei* et des autres espèces analogues à cocons fermés.

Et encore, sauf pour les cocons du *B. yama-maï* qu'on peut à la rigueur dévider à l'eau chaude dans les mêmes conditions que les cocons du B. mori, faut-il les *faire macérer* au préalable, pendant un temps plus ou moins long, dans l'*eau alcalinisée* avec de la soude, de la potasse, du savon ou dans une lessive de cendres. On peut aussi rendre ces cocons dévidables en les soumettant, pendant un certain temps, à l'influence de la *vapeur d'eau sous pression dans l'autoclave.* Ce procédé, employé avec succès par M. Levrat, est supérieur au premier, parce qu'il ne prive pas la soie de son grès.

Après immersion dans une solution alcaline ou cuisson à l'autoclave, les cocons sont soumis au dévidage qui s'effectue à l'aide d'un *tour à dévider*, en tout semblable à celui dont on se sert pour le dévidage des cocons du ver du mûrier.

Comme ces derniers, les *cocons sauvages*, destinés à la filature, doivent être préalablement soumis à l'*étouffage*, afin de pouvoir être conservés après *séchage*.

5. **Peignage.** — Les cocons ouverts sont utilisés par le *peignage* et traités dans les usines à déchets ou à *schappe*.

Là, on les soumet à différents traitements qui ont pour objet : 1º la *désagrégation* des fils par le *rouissage* ou le *décreusage* ; 2º leur *nettoyage* ou séparation des matières étrangères au moyen du *lavage*, du *séchage* et du *battage* ; 3º la *parallèlisation* et le *groupement* des brins par ordre de longueur au moyen du *peignage*; 4º la *disposition des brins* en *rubans* de grande largeur (*nappes*) puis de largeur de plus en plus réduite (*nappettes, mèches, pointes*), par le *nappage* et l'étirage ; 5º enfin la *préparation des fils* par étirage et torsion des *pointes* ou *mèches* au moyen des opérations de la filature.

Ces diverses phases du travail, par lesquelles les cocons ouverts (comme toutes les diverses matières de déchets) doivent passer pour être préparés en *fils*, dits *fils de schappe*, peuvent être groupés en deux classes : 1º les *opérations préparatoires à la filature* ; 2º la filature *proprement dite* ; 3º on pourrait y joindre sous le nom d'*apprêt* et de teinture les opérations complémentaires destinées à donner au fil son aspect définitif.

En Suisse, où le travail des déchets était jusqu[illegible] localisé autrefois, on désignait, par le mot *schappe* (1), la désagrégation des filaments au moyen du *rouissage*; de là le nom d'*industrie de la schappe* donné à l'industrie aujourd'hui très importante qui a pour objet le traitement des déchets de soie et leur filature. Pour faire le rouissage, on place les déchets dans des cuves où l'on verse de l'eau chaude. Bientôt la fermentation se déclare, et lorsqu'elle a cessé, on retire les matières. Sous l'action des microbes de la putréfaction, le *grès est détruit*, les fils décollés et rendus libres, c'est un véritable *décreusage*. On *lave* ensuite, on rince, on fait enfin *sécher* les matières à leur sortie des cuves de fermentation, puis on les *bat* pour achever la séparation des poussières et autres matières étrangères. Quelquefois, on complète le nettoyage en faisant agir sur les déchets des réactifs capables de détruire la matière étrangère sans attaquer la soie comme l'acide sulfurique étendu.

Ce mode de *décreusage par rouissage*, à cause de son insalubrité et des mauvaises odeurs qui se dégagent des fosses de fermentation, est aujourd'hui presque abandonné et remplacé par le *décreusage chimique*, consistant en l'immersion des matières soyeuses dans des solutions *alcalines*. Après le décreusage chimique, les filaments désagrégés passent

(1) Certains font dériver cette expression du verbe anglais *to chap*, gercer, fendre, ouvrir; le but des traitements que l'on fait subir étant d'en séparer les brins, de les *ouvrir*, pour les *paralléliser* ensuite.

par les mêmes traitements qu'après le décreusage par *rouissage*.

Les filaments *désagrégés* et *nettoyés* sont ensuite *parallélisés* au moyen des machines *peigneuses*; puis, *assemblés* par ordre de longueur, peignés de nouveau, et finalement disposés en *nappes* à l'aide d'autres machines dites *nappeuses*. Les nappes sont ensuite étirées en nappes plus étroites, appelées *nappettes*, *mèches* ou *pointes* et les pointes préparés en fils de finesse plus ou moins grande.

Ordinairement, les opérations du *décreusage* et du *nettoyage* des matières soyeuses, celles du *peignage* et l'opération finale de la *filature* se font dans autant d'usines différentes, quelquefois très éloignées les unes des autres.

CHAPITRE V

REPRODUCTION OU GRAINAGE

Les papillons à leur sortie des cocons cherchent à s'envoler et à s'échapper. On ne peut donc pas employer pour la production des graines des vers sauvages des procédés aussi simples que pour la reproduction du ver à soie commun du mûrier, dont les papillons, après leur sortie des cocons, demeurent sur les *filanes* sans s'envoler, ni même chercher à s'éloigner.

1. **Choix des cocons pour graine.** — Il faut prendre dans le choix des cocons destinés à assurer la reproduction des espèces sauvages les mêmes soins absolument que pour le *B. mori* (voir page 63), c'est-à-dire écarter rigoureusement tout cocon défectueux à n'importe quel point de vue, et conserver seulement ceux se rapprochant davantage du type le plus avantageux et provenant de parents exempts de maladies, telles que la *pébrine* et la *flacherie*.

Les moyens à employer dans le but d'éliminer de la reproduction les sujets malades sont ceux qui ont été décrits dans la première partie au chapitre du *grainage* (page 62) avec, dans l'outillage, quelques modifications qui seront indiquées plus loin.

2. **Disposition des cocons pour le grainage. Modes de grainage.** — Les cocons choisis, on les dispose en *filanes* (ou *chapelets*) plus ou moins longues, les uns à la suite des autres, à l'aide d'un fil que l'on passe avec précaution, pour éviter de blesser la chrysalide, dans l'épaisseur de la coque du côté de l'extrémité antérieure du cocon et un peu en dessous de cette extrémité (au 1/4 environ de la longueur du cocon). S'il s'agit de cocons de *B. mylitta*, on peut les enfiler par la boucle du pédoncule.

On suspend ensuite les filanes de cocons à l'intérieur d'une cage ou d'une armoire grillagée, garnie de mousseline claire ou *tarlatane*, placée dans un local très aéré. Au bout d'un certain temps, les papillons sortent, s'accouplent, puis se désaccouplent *ad libitum*, et finalement déposent leurs œufs sur la toile.

C'est le système le plus simple de grainage correspondant au grainage sur grandes toiles des papillons du mûrier.

Si l'on veut *limiter* la durée de l'accouplement au temps nécessaire pour assurer la fécondation des œufs, il faut avoir une deuxième cage (corbeille ou armoire) pour enfermer les femelles après la séparation et les faire pondre. On peut se servir, dans le même but, de *manchons* ou grands sachets de mousseline dont les parois sont maintenues écartées au moyen de fils de fer disposés en cercle, ou en spirales, et fixés à l'intérieur. Ce mode d'accouplement est préférable au premier, ou *illimité*; car, dans ce dernier, les femelles n'arrivent pas toujours à se délivrer de tous leurs œufs; quelquefois même, elles meurent avant d'avoir pondu, et les quantités de graines obtenues sont moindres que dans l'accouplement *limité*.

On peut aussi pratiquer le *système de grainage cellulaire*, pour la sélection des pontes contre la maladie de la *pébrine*. On procède alors comme s'il s'agissait de vers du mûrier, avec cette différence qu'on emploie ici des *cellules de grandeur triple* de celles destinées à recevoir des papillons du mûrier. On donne à ces cellules, à l'aide de fils de fer, la même forme cylindrique qu'aux manchons décrits précédemment à propos de l'accouplement. Elles devront avoir de 15 à 20 centimètres de diamètre sur une profondeur de 24 à 25 centimètres. On pourrait encore leur donner la forme d'un *godet tronconique* renversé de 50 centimètres de circonférence à l'ouverture, sur 25 centimètres de profondeur, analogue à la *cellule godet* en tarlatane adoptée en beaucoup d'ateliers de grainage du ver à soie du mûrier.

S'il s'agit d'un grainage important, on pourra avoir avantage à construire, comme pour l'élevage à l'intérieur, une sorte de *hangar* fermé latéralement au moyen d'une toile métallique à mailles un peu larges (de 6 à 7 millimètres), avec un plancher en bois blanc. A l'intérieur, on suspend des bouquets de branchages (bruyère, roseaux, genet, etc...) sur lesquels les papillons viendront se reposer et déposer leurs œufs.

Au bout d'un certain temps, les papillons sortent, s'accouplent, se désaccouplent librement, puis, finalement, les femelles déposent leurs œufs sur les parois de mousseline dont la cage est tapissée à l'intérieur, ou sur les bouquets de branchages suspendus à la partie supérieure.

Les pontes terminées, il ne reste plus qu'à nettoyer la cage, décrocher la toile ou les bouquets chargés de graines, détacher ces dernières et les enfermer dans les boîtes perforées ou les sachets destinés à les recevoir.

Si, au contraire, on veut limiter la durée des accouplements au temps nécessaire pour que la fécondation soit complète, comme cela se pratique généralement pour les papillons du mûrier qui s'accouplent le matin et qu'on désaccouple le soir du même jour, il faut avoir, ainsi que nous l'avons dit, une deuxième cage où l'on enfermera, après le désaccouplement, les papillons femelles pour les faire pondre. Les pontes sont alors plus nombreuses et la quantité moyenne d'œufs par ponte plus grande. En effet, on a observé qu'à la suite de l'accouplement illimité, beaucoup de femelles n'arrivent pas à se délivrer complètement de leurs œufs ou quelquefois meurent sans avoir pondu. On sépare chaque matin les papillons trouvés accouplés dans la cage du papillonnage. On place les femelles dans la cage ou dans un sachet à ponte et on abandonne les mâles, ou on les fait servir à un second accouplement.

3. **Sortie des papillons.** — La sortie des papillons a lieu après la formation des cocons, au bout d'un temps qui varie suivant les espèces et, pour la même espèce, suivant la température.

Les papillons du *Yama-maï* apparaissent au bout de six semaines environ, à partir du jour où le cocon a été commencé.

Ceux de la première génération du *B. pernyi* sortent 3 semaines ou un mois après le commencement du coconnage, tandis que ceux de la seconde génération apparaissent seulement au printemps de l'année suivante. Les choses se passent d'une façon analogue dans le papillonnage du *B. cynthia* et des autres espèces hivernant dans le cocon à l'état de chrysalide.

CHAPITRE VI

PLANTES ALIMENTAIRES

Les vers à soie sauvages, décrits au chapitre III, (page 116) de cette seconde partie, se nourrissent des feuilles des arbres ou arbustes suivants : *Chêne, Ailante, Ricin, Prunier.*

1. **Chêne** *(Quercus).* — Les *chênes (Quercus)* appartiennent à la famille des *Cupulifères;* ce sont des arbres unisexués-monoïques, les fleurs mâles disposées en *chatons,* les femelles par groupes de 1 à 7, suivant les espèces. Les premières sont composées d'un périanthe à 5 ou 6 divisions, avec autant d'étamines; les secondes comprennent un calice à 5 ou 9 divisions entourant un ovaire à 3 loges surmonté d'un style tristigmatique. Les pièces de l'involucre persistent et, en se soudant, constituent la *cupule.* Après la fécondation, un seul des ovules se développe et donne le fruit appelé *gland,* contenant *une graine.*

Il y a de nombreuses espèces ; on les divise en

deux groupes, suivant que les feuilles sont *caduques* ou *persistantes*. Les espèces du premier groupe sont vulgairement appelées *chênes blancs*, celles du second sont désignées sous le nom de *chênes verts*.

Les *chênes blancs* sont seuls utilisés pour l'alimentation des vers. Parmi les espèces de chênes blancs, les plus intéressantes au point de vue séricicole sont : 1° le *chêne pédonculé (Quercus pedunculata)*, caractérisé par ses fleurs femelles longuement pédonculées et ses feuilles au contraire presque sessiles ; 2° le *chêne rouvre (Q. robur)* qui se distingue par ses feuilles légèrement *pubescentes* en dessous dans le jeune âge et à pétiole plus long ; 3° le *chêne pubescent (Q. pubescens)*, appelé aussi *truffier* dans le Périgord, le Lot, l'Angoumois, le Poitou, parce que les meilleures truffes, dans ces régions, naissent à la faveur de cette espèce. Les *jeunes rameaux* sont pubescents. Certains les considèrent comme une simple variété du *Q. robur* ; 4° le *chêne tauzin (Q. tozza)* à feuilles profondément lobées, pennatifides, *tomenteuses* en dessous ; 5° le *chêne chevelu (Q. cerris)*, caractérisé par ses feuilles d'un vert foncé, longuement pétiolées, à cupule d'aspect *hérissé*.

La première espèce se plaît dans les *terrains* argilo-caillouteux ou silico-argileux *frais* et *féconds* des régions à climat tempéré ; la seconde préfère des sols *divisés* siliceux, graveleux, non calcaires ; le *chêne pubuscent* vient bien, au contraire, dans ces derniers terrains ; quant au chêne tauzin, c'est une espèce silicicole, de même que le chêne chevelu.

Le *système d'exploitation* le plus convenable, *en vue de l'élevage des vers*, est le *taillis*. S'il s'agit de l'aménagement, dans ce but, d'un bois existant, il suffit d'ouvrir à travers le bois des *sentiers* ou *passages de surveillance* de 2 mètres en 2 mètres ; 2° de recéper les arbres, extirper et arracher les plantes étrangères inutiles ; 3° de *combler les vides*, s'il en existe, au moyen de jeunes chênes de 3 ans ; 4° d'*incliner*, si besoin est, quand le moment est venu, les branches d'une plante vers celles des plantes voisines inclinées de même, et de les lier les unes aux autres, de manière à établir entre les arbres des sortes de passerelles pour permettre aux vers d'aller des uns aux autres.

Lorsque la *plantation* est à *créer*, il faut commencer par faire un *semis de glands*. En automne, on *cueille* sur les arbres de l'espèce ou de la variété à propager, des *glands* que l'on choisit parmi les plus beaux et les plus mûrs et on les sème en terre meuble et en lieu découvert, non ombragé, car les jeunes chênes demandent *l'insolation directe*. Si l'on préfère semer au printemps, on place les glands récoltés, dans l'automne de l'année précédente, en une cave où on les *stratifie* avec du sable.

Après le semis, le sol doit être entretenu dans un état d'humidité convenable au moyen d'arrosages. Dans ces conditions, et surtout s'ils ont subi la stratification et que la chaleur soit suffisante, la germination a lieu promptement et la levée se produit au bout de quelques semaines.

La première année, les petits plants développent

surtout leur système souterrain et la jeune tige ne s'élève guère au-dessus de 20 centim.; la 3ᵉ année après le semis, les jeunes chênes ont acquis un développement suffisant pour être déplantés et mis en place. On peut effectuer cette opération de suite, ou attendre le printemps de la 4ᵉ année.

Afin de faciliter la surveillance et de favoriser la circulation de l'air entre les arbres, la plantation doit être, ainsi que nous l'avons dit en parlant de l'aménagement de bois déjà existants, disposée en *planches* ou *plate-bandes* de 1 m. 20 à 2 m. de largeur, séparées par des sentiers de 0 m. 75 à 1 m. de largeur.

On pourrait aussi, suivant le conseil donné par Givelet, à propos des plantations séricicoles d'ailantes de grande étendue, grouper les plate-bandes par carrés de 100 mètres de côté (un hectare de superficie) et, dans le but d'abriter les vers contre la violence du vent, ouvrir, de distance en distance (par exemple tous les 200 ou 300 m.), des *avenues plus larges* (par exemple de largeur triple ou quadruple), bordées d'arbres auxquels on laisserait *prendre tout leur développement*.

Dans les plate-bandes, on espace d'abord les plantes à 25 ou 30 centimètres seulement en tous sens, afin de rendre le taillis plus promptement touffu et utilisable. Ainsi établi, le jeune bois pourra, d'après Personnat, recevoir des vers *dans la 2ᵉ année après la plantation*. On éclaircit ensuite lorsque le besoin s'en fait sentir. Selon Givelet, le bois serait utilisable seulement à partir de la 5ᵉ année et les frais d'installation couverts au bout de 9 ou 10 ans après la plantation (4° ou 5° année d'exploitation).

Les principaux ennemis du chêne sont : la *Rosellinia quercina*, champignon parasite des racines, les hannetons *(Melolontha)* qui dévorent les feuilles et les chenilles du *Bombyx processionnaire*. En certaines années, lorsque l'été a été humide, les feuilles sont aussi envahies par un *oïdium* comme cela a eu lieu en 1908 dans le sud-est et le nord de la France, en Suisse et en Italie.

2. **Ailante (Ailantus glandulosa) ou vernis du Japon**. — L'ailante est un arbre de la famille des *Xanthoxylées*, à croissance rapide, pouvant atteindre 30 mètres de hauteur. Il a été introduit de la Chine en Angleterre (au moyen de *graines*), en 1751, par le R. P. d'Incarville, et de là en France où il est parfaitement acclimaté. Il appartient aux végétaux à fleurs *polygames (monoïques* ou *dioïques* et *hermaphrodites)*. Son fruit est une *samare*. Ses feuilles sont *grandes, composées* de *7 à 9 paires de folioles* ovales-lancéolées.

Son bois, par sa tenacité et sa flexibilité, peut être classé entre le chêne et l'orme ; il est estimé pour le charronnage et susceptible d'emploi comme bois de charpente. Il est aussi utilisable pour le chauffage et, d'après M. Dupuis, des massifs d'ailantes de 5 à 6 ans présenteraient le même volume et donneraient la même quantité de bois de chauffage qu'un taillis de chêne de 18 à 20 ans, d'égale superficie.

Il n'est pas difficile sur la nature du sol, mais il se plaît davantage dans les terrains frais et profonds.

C'est un arbre rustique, ayant résisté aux environs de Paris à des froids de 25 à 30 degrés au-dessous de zéro (d'après M. Mouillefert).

De même que les feuilles de mûrier sont mangées seulement par les vers du *B. mori*, aucun insecte en dehors du *B. cynthia*, n'attaque, dans nos régions, le feuillage de l'ailante.

On *le multiplie* : 1° par *semis* ; 2° par *boutures* de racines ; 3° et, quand on a déjà des ailantes, par *rejetons* ou *drageons*. Le procédé le plus simple et le plus économique est le *semis* ; on sème les graines au printemps, en terrain ameubli, fumé et nivelé. Les graines sont déposées à 3 au 4 centimètres d'écartement l'une de l'autre, dans de petites rigoles distantes de 40 centim., creusées à l'aide d'un bâton. Elles sont recouvertes de 1 ou 2 centim. de terre fine et protégées contre les ardeurs du soleil au moyen d'un léger paillis. On bine, on sarcle et, 3 ou 4 mois après le semis (courant août), la levée a lieu. A partir de ce moment, la tige pousse assez vigoureusement pour s'allonger de 1 ou 2 centimètres par jour. Au printemps de la 2° année, les jeunes ailantes sont assez forts pour être levés de pépinière et mis en place. Après la plantation, on rabat les tiges à 3 ou 4 centimètres du collet.

Le sol destiné à la plantation a dû être labouré, l'hiver avant, à 25 ou 30 centimètres, débarrassé des mauvaises herbes, hersé, nivelé, puis roulé. Le terrain ayant été ainsi préparé, on procède au *tracé de la plantation* et à *la plantation* elle-même (en mars-avril).

On dispose les arbres de trois façons : 1° en lignes
ou *allées* distantes de 2 mètres avec écartement de
1 mètre sur la ligne (disposition proposée par Gué-
rin-Méneville) ; 2° par *planches* ou plate-bandes avec
trois rangées d'arbres à 40 centim. de distance les
uns des autres et 2 mètres de distance entre les
planches (système Forgemol) ; 3° en *buissons, touffes*
ou *cépées* séparées, disposées en triangles équilaté-
raux de 1ᵐ 50 de côté, ce qui facilite les façons cul-
turales, favorise la circulation de l'air, l'ensoleille-
ment et la végétation des arbres.

Les buissons sont répartis dans le champ par petits *massifs* ou plate-bandes séparées par des passages, ainsi que nous l'avons dit à propos des plantations de chênes (système Givelet).

Après la plantation, les tiges sont rabattues à
3 ou 4 centim. du collet et chaque année. Certains,
au lieu de recéper les arbres au niveau du sol, pré-
fèrent les conduire en *nains* avec une tige de 40 cent.
de hauteur.

Une plantation d'ailantes, ainsi organisée, peut
servir à l'élevage de vers à partir de la 3° année après
la mise en place des arbres.

La reproduction par *boutures de racines* se fait en
coupant des racines en fragments de 15 à 20 centim.
de longueur que l'on pique en terre en laissant le
gros bout au dehors.

On peut enfin multiplier l'ailante en utilisant les
rejets ou *drageons* qu'il produit en abondance,
jusqu'à une distance de quelquefois 30 mètres du

pied mère. Pour cela, on détache les rejetons des pieds mère avec un morceau de la racine leur servant de support et on les transplante en *pépinière d'attente* ou même directement à leur place définitive. *Ce mode de multiplication* est *commode* et avantageux *pour le remplacement des manquants* dans les plantations déjà existantes, parce qu'ils sont plus forts que les sujets provenant des semis de l'année.

3. **Ricin (Ricinus).** — Le *ricin,* vulgairement *arrindi* ou *érié* des Indiens, est originaire de l'Afrique tropicale et aussi, d'après certains auteurs, de l'Inde. C'est une plante vivace et arborescente dans les pays chauds et dont la tige peut atteindre 10 m. de hauteur. Elle est annuelle dans nos climats où elle ne résiste pas aux froids de l'hiver. Ses tiges gèlent si la température descend à — 2°; à 0°, ses feuilles flétrissent. On peut cependant, en la cultivant en caisses et en rentrant les caisses en hiver dans une serre chaude, la conserver plusieurs années en végétation.

La culture du ricin est facile et il *pousse* à peu près *partout,* mais c'est seulement dans les terrains fertiles et frais et en exposition chaude et abritée qu'il végète vigoureusement.

Le ricin appartient à la famille des *Euphorbiacées*; ses fleurs sont vertes, *unisexuées, monoïques,* en inflorescence spiciforme ; les *mâles,* inférieures et à étamines nombreuses entourées de 3 à 5 pétales ; les *femelles,* supérieures et à ovaire arrondi surmonté d'un style à 3 ou 5 stigmates. La floraison a lieu en juillet. Le fruit est une capsule à 3 coques.

On tire des graines une huile *épaisse* d'où le nom de *ricin* (épais), dont les propriétés purgatives sont bien connues.

Il existe deux espèces : le *Ricin d'Afrique (R. africanus)* et le Ricin commun *(R. communis)*, ou *palma christi* des Anglais, et plusieurs variétés dont la plus répandue dans les pays chauds est le **R. communis major** ou grand ricin.

La multiplication se fait par *graines*. On sème en pleine terre au printemps (quand la température moyenne est de 12°) dans nos climats, à raison de 35 grammes de graines par are, ou sur *couche sous châssis*, en mars. Par ce dernier procédé, on gagne du temps.

On dispose la plantation par planches comme dans la culture du chêne ou de l'ailante avec un écartement de 1 m. ou 2 m. en tous sens, suivant que le sol et le climat sont plus ou moins favorables à la végétation.

4. **Prunier** *(Prunus)* **et Aubépine** *(Cratægus)*. — L'aliment préféré par le *B. cecropia* de l'Amérique du Nord, est la feuille de *prunier (Prunus)*, avec une certaine prédilection pour les feuilles du *prunier cultivé (Prunus domestica).*

Le *prunier* (famille des *Rosacées*) est des plus faciles à cultiver. C'est un arbre rustique, peu exigeant, s'accommodant des plus mauvais terrains et poussant dans les endroits les plus secs.

On le multiplie par semis de *noyaux* de l'année précédente et *conservés en stratification* pendant l'hiver, ou bien encore par *rejets* ou *drageons*, comme l'ailante. Quant à la reproduction des variétés améliorées, elle a lieu au moyen du greffage en écusson sur franc (c'est-à-dire sur sujets venus de semis). Planté en terre un peu fraîche, il se développe rapidement.

Le feuillage peut être attaqué par des chenilles de différentes espèces ; certaines forment, au moyen de feuilles sèches réunies par quelques fils soyeux, des sortes de nids qu'il faut couper et brûler en hiver. Les papillons de certaines autres pondent leurs œufs en forme de bagues autour des brindilles. On les combat en coupant et en brûlant les extrémités des rameaux où les chenilles viennent se rassembler après leur éclosion au printemps.

Le B. cécropia mange aussi les feuilles du prunelier (*Prunes spinosus*) et de l'aubépine *Cratægus oxyacantha*.

La forme la mieux adaptée à l'exploitation séricicole est toujours la *forme naine (buisson ou cépée)*, disposée en petits *massifs, allées* ou *haies*.

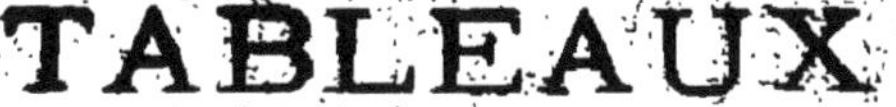

TABLEAUX

I. — SOINS A DONNER AUX GRAINES DE VER A SOIE

De la Ponte à l'Eclosion

PÉRIODES DE LA VIE DES GRAINES		ÉPOQUES DE L'ANNÉE correspondantes		TEMPÉRATURES CENTIGRADES (à titre d'indication)	OBSERVATIONS
		Saisons	Mois		
I	Ponte : 3 jours	Eté	Juillet Août	25°	Donner de *l'air*. Eviter que la température s'abaisse au-dessous de 20°.
II	D'Estivation ou Estivale : 2 mois à 2 mois 1/2	Eté	Juillet Août 15 Septembre	25° — 20° 20° — 15°	Renouveler l'air. Vers la fin de cette période, détacher les œufs des toiles ou des papiers sur lesquels ils ont été pondus. Les laver. Les étendre à l'ombre dans un local aéré pour les faire sécher. Les mettre ensuite dans des boîtes de carton plates, perforées, ou dans des sachets de mousseline sans les accumuler, pour ne pas empêcher l'air de traverser la masse et de se renouveler autour de chaque graine.
III	Préhivernale : 2 mois 1/2.	Automne	15 Septembre Octobre Novembre	15° — 12° 12° — 10°	

PÉRIODES DE LA VIE DES GRAINES	ÉPOQUES DE L'ANNÉE correspondantes		TEMPÉRATURES CENTIGRADES (à titre d'indication)	OBSERVATIONS
	Saisons	Mois		
IV	D'Hivernation ou Hivernale : 3 mois à 3 mois 1/2	Hiver	Décembre Janvier Février 15 Mars	10° — 0°	*Surveiller ta température.* Durant cette période, la graine devra subir le *froid.* Le laisser agir dans toute sa rigueur, sans chercher à le modérer.
V	Posthivernale ou Préparatoire : 1 mois à 1 mois 1/2	Printemps	15 Mars Avril	0° — 12°	Surveiller la *température.* Eviter les chaleurs précoces, suivies de retour du froid. Au début de cette période, la température devra monter progressivement pour arriver à 12 degrés vers la fin. *Combattre,* s'il y a lieu, *l'humidité de l'air* en plaçant près des graines de la chaux vive en morceaux.
VI	D'Incubation : 15 à 20 jours	Printemps	Avril Mai	12° — 20°	Etendre les graines de 25 grammes en boîte plate sur une surface de 2 décim. carrés, pour qu'elles ne soient pas accumulées et que chacune soit entourée d'air. Les chauffer de manière à les faire passer degré par degré de la température de la chambre froide à celle de 20°. A la sortie des premiers vers, porter la température à 24 ou 25 degrés.

III. — TABLEAUX A CONSULTER POUR SE GUIDER DANS LA DIRECTION D'UN ÉLEVAGE

de Vers à Soie

Signification des lettres : R, repas; E, espacer; D, déliter; M, mue.

SURFACE PAR ONCE (25 gr.)	Température Centigrade	AGES	JOURS	I. — REPAS ET SOINS QUOTIDIENS DE LA NAISSANCE A LA FIN DE LA 1re MUE						POIDS DE FEUILLES PAR JOUR	POIDS DE FEUILLES PAR AGE	OBSERVATIONS
				MATIN		SOIR						
				6 heures	10 heures	1 heure	4 heures	7 heures	11 heures			
1mq			1		R.	R.	E. R.	R.	R.	0 k. 4		Feuille tendre. La couper très finement (morceaux de 0m005 de côté) avant de la distribuer. Repas du matin plus légers; ceux du soir plus abondants. Même observation pour les âges suivants.
	24c	I	2	E. R.	R.	R.	E. R.	R.	R.	0 k. 6	3 k.	
			3	E. R.	R.	R.	E. R.	R.	R.	1 k.		
			4	E. R.	R.	R.	E. R.	R.	R.	0 k. 6		Eviter aux vers tout dérangement pendant la mue. De même aux mues suivantes.
			5	R.	R.	M.	M.	M.	M.	0 k. 4		

SURFACE PAR ONCE (35 gr.)	Température Centigrade	AGES	JOURS	II. — REPAS ET SOINS QUOTIDIENS DE LA FIN DE LA 1re MUE A LA FIN DE LA 3e MUE						POIDS DE FEUILLES PAR JOUR	POIDS DE FEUILLES PAR AGE	OBSERVATIONS
				MATIN		SOIR						
				6 heures	10 heures	1 heure	4 heures	7 heures	11 heures			
9me	28°	II	6	M.	M.	D. E. R.	R.	R.	R.	1 k. 6	9 k.	Feuille cueillie 12 heures d'avance. Même remarque pour les âges suivants. La couper finement (morceaux de 0m 01 de côté).
			7	E. R.	R.	R.	R.	R.	R.	2 k. 4		
			8	E. R.	R.	D. R.	R.	R.	R.	4 k.		
			9	R.	R.	M.	M.	M.	M.	1 k.		
10me	23°	III	10	M.	M.	D. E. R.	R.	R.	R.	3 k. 5	30 k.	Couper la feuille moins finement. N'en pas donner tant qu'il en reste qui paraisse mangeable. Veiller à la *propreté*. Eviter de soulever les poussières en balayant.
			11	E. R.	R.	R.	R.	R.	R.	7 k. 5		
			12	D. E. R.	R.	R.	R.	R.	R.	10 k.		
			13	D. R.	R.	R.	R.	R.	R.	8 k.		
			14	R.	R.	R.	R.	R.	R.	1 k.		
			15	M.	M.	M.	M.	M.	M.			

SURFACE PAR ONCE (25 gr.)	Température Centigrade	AGES	JOURS	III. — REPAS ET SOINS QUOTIDIENS DE LA 3e MUE A LA 4e MUE						POIDS DE FEUILLES PAR JOUR	POIDS DE FEUILLES PAR AGE	OBSERVATIONS
				MATIN		SOIR						
				4 heures	10 heures	4 heures	10 heures					
20mq			16	D. L. R.	R.	R.	R.			11 k.		Couper la feuille en deux ou trois morceaux. Veiller à la *propreté* et à la *ventilation*. Déliter à temps pour que la 4e mue s'opère sur une litière peu épaisse. Ne jamais toucher les vers avec les mains, ni dans cet âge, ni au suivant.
			17	R.	E. R.	R.	R.			15 k.		
	23°	IV	18	R.	D. L. R.	R.	R.			25 k.		
			19	R.	E. R.	R.	R.			30 k.	90 k.	
			20	R.	R.	D. L. R.	R.			7 k.		
			21	R.	R.	M.	M.	M.	M.	2 k.		
			22	M.	M.	M.	M.	M.	M.			

SURFACE PAR ONCE (35 gr.)	Température Centigrade	AGES	JOURS	IV. — REPAS ET SOINS QUOTIDIENS DE LA 4e MUE A LA MONTÉE						POIDS DE FEUILLES PAR JOUR	POIDS DE FEUILLES PAR AGE	OBSERVATIONS
				MATIN		SOIR						
				4 heures	10 heures	4 heures	10 heures					
60mm			23	D. L. R.	R.	R.	R.			20 k.		Veiller à la *ventilation.* Déliter tous les 2 jours et plus souvent si l'air est humide. Ne pas donner de feuille s'il en reste de mangeable; distribuer au besoin des repas supplémentaires.
			24	E. R.	R.	R.	R.			30 k.		
			25	R.	D. L. R.	R.	R.			40 k.		
	23°	V	26	E. R.	R.	R.	R.			50 k.	570k.	
			27	R.	D. L. R.	R.	R.			65 k.		
			28	E. R.	R.	R.	R.			80 k.		
			29	R.	D. R.	R.	R.			100k.		
			30	R.	R.	R.	R.			160k.		
			31	R.	D. R.	R.	R.			65 k.		
			32	R.		R.				20 k.		

TABLEAUX

sur la Culture du Mûrier

SIGNIFICATION DES LETTRES

A, arrosages.
B, binages.
C, cueillette ou récolte des feuilles.
D, défoncement.
Dpl, déplantation.
Eb, ébourgeonnement.
Ec, éclaircissage.
Em, émondage.
F, fumure.
G, greffage.
L, labour.
Pl, plantation.
Pp, préparation des pieds-mères pour le marcottage.
Pc, plaquer les boutures en terre.
Pr, provignage.
Ps, préparation du sol.
Rb, récolte des boutures.
Sa, sarclage.
Se, semis.
Sv, sevrage.
Ts, taille de formation et de production.
Tf, taille de formation.
Tr, transplantation ou repiquage.

TABLEAUX SUR LA CULTURE DU MURIER [1]

I. — Production du Plant par Semis

ANNÉES DE PÉPINIÈRE	AUTOMNE	HIVER	PRINTEMPS	ÉTÉ	OBSERVATIONS
1re année (Semis)	Fe,	Fg.	Se. A. Sa. Ec.	A. Sa.	Recouvrir le semis d'un *paillis*.
2e année (Répiq.)	Pg.	Ps.	Tr. A. Sa. B. Eb.	Sa. B. Eb.	Après le *repiquage*, rabattre les *pourettes* sur 2 yeux. Conserver une des pousses, supprimer l'autre.
3e année (Greff.)	G. B.		G. B. Eb.	G. B. Eb.	
4e année Forma. de la tige	G. B.		Eb.	Eb.	A la fin de cette année, il y aura des sujets bons p. la *plantation*.

(1) Pour la signification des lettres, voir page 178.

II. — Production du Plant par Marcottage

ANNÉES DU MARCOTT.	AUTOMNE	HIVER	PRINTEMPS	ÉTÉ	OBSERVATIONS
1re année (Prépara.)	Pm.	Pm.	Eb.	Eb.	Enlever les pousses latérales le long des jets conservés pour être couchés.
2e année (1re du marcot.)			Pr. Eb.	Eb.	
3e année (2e du marc.)			Sg. Eb.	Eb.	Opérer le sevrage en incisant le jet provigné jusqu'à 1/2 de sa grosseur. Au printemps suivant, on achève de le détacher du pied-mère.
4e année (3e du marc.)			Sg. Dp.		

III. — Production du Plant par Bouturage (1)

ANNÉES DU BOUTURAGE	AUTOMNE	HIVER	PRINTEMPS	ÉTÉ	OBSERVATIONS
1re année (Planta.)	Rb.	Rb.	Pq. A. Sa.	A. Sa.	Enterrer les boutures, un peu inclinées, de manière à laisser dehors 2 ou 3 yeux.
2e année (Replq.)	Ps.	Ps.	Tr. B.	B. Sa.	
3e année (Pépin.)	Sa.		Eb. B. Sa.	Eb. B. Sa.	Rabattre les boutures au printemps. Conserver une des pousses, supprimer les autres.

(1) Le *Morelli*, le *Mulelcaule*, le *Lou* et les autres variétés analogues à bois tendre sont seules faciles à multiplier par *bouturage*.

IV. — Plantation, Taille et Culture d'Entretien (1)

Années de Plantation	Sept.	Oct.	Nov.	Déc.	Janv.	Févr.	Mars	Avril	Mai	Juin	Juill.	Août
1re ann.	D. F.	D. F.	D. F.	D. F.	D. F.	D. F.	Pl. L.	Eb.	Eb.	Eb.	Eb. B.	Eb.
2e ann.		L.					Tf. L.	Eb.	Eb.	Eb.	Eb. B.	Eb.
3e ann.		L.					Tf. L.	Eb.	Eb.	Eb.	Eb. B.	Eb.
4e ann.		L.					Em. L.	Eb.	Eb.	Eb.	Eb. B.	Eb.
5e ann.		L.					Em. L.	Eb.	C. Em.	C. Em.	B.	
6e ann.		F. L.					Tfp. L.	Eb.	Eb.	Eb.	Eb. B.	
7e ann.		L.					Eb. L.	Eb.	C. Em	C. Em.	B.	

Cueillir la feuille tous les deux ans à partir de la 5e année de plantation. — Tailler tous les deux ans, au printemps faisant suite à l'année de la cueillette.

(1) Imité du tableau de M. Brunet de la Grangé.

BIBLIOGRAPHIE

Nous donnons ci-dessous, pour les lecteurs qui souhaiteraient compléter leurs connaissances, les titres de quelques ouvrages spéciaux où se trouve traité, avec des développements qui ne pouvaient trouver place ici, tout ce qui concerne le *ver à soie du mûrier* (anatomie, physiologie, maladies, élevage, etc.); le *mûrier* (variétés, culture, maladies, etc.); les *vers à soie sauvages*; l'*industrie* et le *commerce des soies*.

L. PASTEUR. — *Etudes sur les maladies des vers à soie*. Paris, 1870, 2 vol. in-8°, avec fig.

E. MAILLOT ET F. LAMBERT. — *Traité sur le ver à soie du mûrier et sur le mûrier*. Montpellier et Paris, 1906, 1 vol. in-8°, 622 pages, 3 planches et 169 fig. dans le texte.

N. RONDOT. — *La Soie*. Paris, imp. Nation. 1885-1887, 2 vol. in-4°, avec fig.

E. VERSON et E. QUAJAT. — *Il Filugello e l'Arte sericola*. Padoue, 1896.

G. BOLLE et F. GVOZDENOVIC. — *Istruzione sulla coltivazione del Gelso e sullo Allevamento razionale del baco da seta*. Goritz, 1908.

C. PERSONNET. — *Le Ver à soie du chêne (Bombyx yama-maï)*. Paris, 1868.

H. GIVELET. — *L'Ailante et son bombyx*. Paris, sans date.

Ch. SASAKI. — *Some observations on Antheræa (Bombyx) Yamamai and the Method of its Rearing in Japan*. Tokio, 1904, 50 pages.

E. QUAJAT. — *Dei Bozzoli più prejevoli che preparano i lepidotteri setiferi*. Padoue, 1904.

E. ANDRÉ. — *Elevage des Vers à soie sauvages*. Paris, sans date (1908).

SONTHONNAX, DUSUZEAU, CONTE. — *Essai de la classification des Lépidoptères producteurs de soie*. Lyon, 1897-1909.

BIBLIOTHÈQUE NATIONALE R.F. IMPRIMÉS

TABLE ALPHABÉTIQUE DES MATIÈRES

TABLE DES FIGURES

PREMIÈRE PARTIE

Ver à soie du Mûrier

DEUXIÈME PARTIE

Vers à soie sauvages

BIBLIOTHÈQUE NATIONALE — IMPRIMÉS — R.F

TABLE MÉTHODIQUE DES MATIÈRES

DEUXIÈME PARTIE

Vers à soie sauvages

BIBLIOTHÈQUE NATIONALE
R.F
IMPRIMÉS

Grande Imprimerie de Troyes

HAUTE NOUVEAUTÉ !

ACCORDÉONS avec voix en acier incassables !

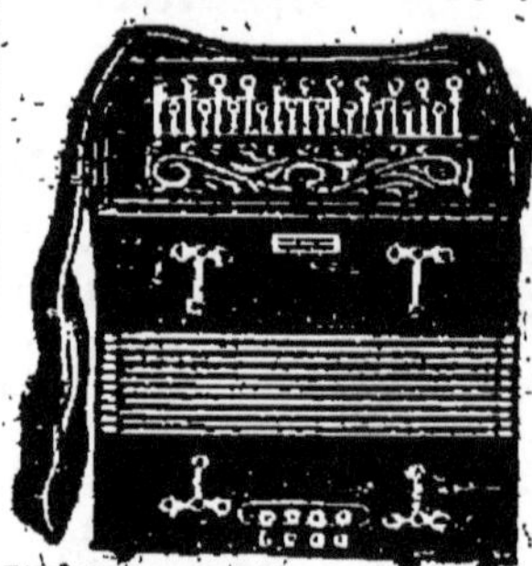

Au prix exceptionnel de 5 fr. 50. nous expédions, contre remboursement, notre superbe accordéon à 2 chœurs, avec 10 touches, 2 registres, 4 basses, 50 voix extra-fortes, avec double soufflet, ressorts en spirales incassables et brevetés, pour les touches et les basses, clavier ouvert, d'un son d'orgue. Accordéons à 3 chœurs, 7 fr. 50 ; à 4 chœurs, 9 fr. 50 ; à 6 chœurs, 20 fr. ; à 2 rangées avec 21 touches et 4 basses, 12 fr. 50. Avec cloche, 40 centimes en plus ; et avec appareil de trémolo italien, produisant un son d'orgue, 0 fr. 50 en plus. Accordéons à 2 chœurs, mais avec voix en acier, 1 fr. 50 en plus ; à 3 chœurs, 2 fr. 50 en plus ; à 4 chœurs et à 2 rangs de 21 touches, 3 fr. en plus ; à 6 chœurs, 5 fr. en plus.

Essayez nos voix en acier qui sont les meilleures et produisent la musique la plus forte et la plus harmonieuse.

Méthode française gratis. Frais de transport, 1 fr. 25. Nouveau catalogue gratis et franco. Port de lettre, 25 centimes.

CITHARE - GUITARE

Instrument merveilleux, avec 41 cordes et 5 accords, s'apprend de suite, on peut jouer tous les airs, même sans connaître la musique, ne coûte que 10 fr. Le même instrument, mais avec 6 accords et 49 cordes, ne coûte que 12 fr. 50. Port, 1 fr. 25. Emballage et méthode française GRATIS. 25 feuilles de musique à glisser sous les cordes, d'une valeur de 2 fr. 50, sont livrées gratuitement avec chaque cithare. Catalogue gratis et franco. Affranchir les lettres à 0 fr. 25.

Innombrables Références

S'adresser directement à
HERFELD & Cie
NEUENRÄDE, No 23 (Allemagne)

DÉSINFECTANT "JEYES"

L'HYGIÈNE PAR LE SEUL DÉSINFECTANT

Joignant à son efficacité scientifiquement démontrée l'immense avantage de n'être **NI TOXIQUE, NI CORROSIF**

SE MÉFIER DES CONTREFAÇONS

Exiger sur chaque Récipient, Bidon ou Flacon, la marque ci-contre et le nom

"JEYES"

CRÉSYL-JEYES

Adopté par les Ecoles Nationales Vétérinaires, la Société des Agriculteurs de France, les Ecoles d'Agriculture, etc.

EXPOSITION UNIVERSELLE DE 1900

MÉDAILLE D'OR, la plus haute récompense décernée aux désinfectants

GRAND PRIX (collectivité vétérinaire)

Préventif le plus sûr contre les **Epizooties, Fièvre aphteuse, Rouget, Piétin**, etc.

INDISPENSABLE pour la Désinfection des Habitations, Water-Closets, Eviers, Puisards, Eaux stagnantes, Ecuries, Etables, Porcheries, Chenils.

Destruction des Parasites des Plantes, Légumes, Vignes et Arbres Fruitiers

TRAITEMENT D'HIVER DES VIGNES ET DES ARBRES FRUITIERS

20 kilogs Crésyl Jeyes,
50 kilogs chaux vive éteinte
10 gram. sulfate de cuivre

Mélanger le **Crésyl Jeyes** avec la chaux éteinte, puis le sulfate. Un badigeonnage en février suffit

PULVÉRISATIONS (ou arrosages) tous les jours avec une solution de **Crésyl-Jeyes**, au 1/4 p. 100. — 250 gr. dans un hectolitre d'eau tempérée

POUDRE CRÉSYLÉE détruit toute vermine, chenilles, vers, limaces, fourmis, etc.

SE MÉFIER DES CONTREFAÇONS

Envoi franco sur demande de la Brochure avec Mode d'Emploi et Tarif de Colis Postaux à Prix réduits

CRÉSYL-JEYES 35, rue des Francs-Bourgeois, 35
PARIS (4e)

www.ingramcontent.com/pod-product-compliance
Ingram Content Group UK Ltd.
Pitfield, Milton Keynes, MK11 3LW, UK
UKHW021906070726
13613UKWH00001B/365